华夏智库
金牌培训师书系

植根中国企业、服务中国企业
与中国企业家共成长

大师智慧·原创经管

觉醒的活法

Awaken

陈德云 著

中国物资出版社

图书在版编目（CIP）数据

觉醒的活法／陈德云著．—北京：中国物资出版社，2012.1（2015.4 重印）

（华夏智库·金牌培训师书系）

ISBN 978－7－5047－4134－9

Ⅰ.①觉…　Ⅱ.①陈…　Ⅲ.①人生哲学—通俗读物　Ⅳ.①B821－49

中国版本图书馆 CIP 数据核字（2011）第 280064 号

策划编辑　黄　华　　**责任印制**　方朋远

责任编辑　丰　虹　　**责任校对**　孙会香　梁　凡

出版发行　中国物资出版社

社　　址　北京市丰台区南四环西路 188 号 5 区 20 楼　　**邮政编码**　100070

电　　话　010－52227568（发行部）　010－52227588 转 307（总编室）

010－68589540（读者服务部）　010－52227588 转 305（质检部）

网　　址　http：//www.clph.cn

经　　销　新华书店

印　　刷　三河市西华印务有限公司

书　　号　ISBN 978－7－5047－4134－9/B·0401

开　　本　710mm×1000mm　1/16　　**版　　次**　2012 年 1 月第 1 版

印　　张　12.25　　**印　　次**　2015 年 4 月第 5 次印刷

字　　数　181 千字　　**定　　价**　29.80 元

《华夏智库·金牌培训师书系》编委会

阅读学修指南

很高兴我们能以这样的方式见面，当你逐步深入书中的内容，你也许会发现，其实我们并不陌生，因为我们共享着同一个心灵。为了让你在繁忙的工作之余能静下心来阅读此书，也为了让你在书海成堆的今天能更有效地进行阅读，我想在你阅读之前给你一些指引。

这本书一共有五大部分，其顺序安排也是经过精心设计的。心灵成长不同于其他知识类的书籍，它更注重实践。书中的内容只是导引，需要你对照自身的人生体验去往内观照自己。除非你将书中的教导转化成你在生命中的实际体验，否则只是在你的书海中多了那么一叠纸而已。

第一部分是从科学的角度来研究灵性，其实科学与灵性是我们在修行道路上的两只翅膀。它们非但不相互矛盾，反而相辅相成。如果你对科学实证感兴趣，那你可以耐心地参阅。当然只要涉及科学，难免有些地方读起来会费些脑力。如果你对这方面不太感兴趣，你就可以略读或跳读。

第二部分与第四部分是我前后两次去合一大学修习的亲身感悟，一共是28天的修习感悟，每一天中都包含了一个小主题。第二部分是我第一次去合一大学两周13天的感悟记录，第四部分是我第二次去合一大学两周15天的感悟记录。

这28天就好比是28扇门，每一扇门都有对应的教导与Deeksha，这也是我们在觉醒这趟旅程中所要领悟的教导与穿越的门。每当你领悟一个教导并接受一个 Deeksha，你就为自己打开了一扇门；每打开一扇门，一个新的过程开始了；当你将这个过程全然经验后，你成为了经验的实相，此时下一扇门正准备为你开启。

第三部分是第一次从合一大学回来后的人生实践感悟，任何的修行都无法脱离生活的实践而存在。“你所有的领悟都是神的路标，被你看到了，更重要的是你要沿着这个路标去体验路上所发生的一切，那么你才真正成为了这个领悟的实相。”所以我一直倡导，你要将书中的教导运用于你的生活实践中，让生活与工作成为你生命的道场。这部分请在阅读完第二部分后接着阅读，这两者是不可分割的，读完之后再读第四部分。

第五部分是一些实践的方法及工具。练习一：《吠陀经真言》（Moola Mantra）是非常有威力的咒语，你可以在相关网站或我的博客（合一大学德云上善若水新浪博客）下载语音唱诵。如此强的咒语并不多见，可以说只要一唱颂，神圣的能量就直接降临。平时的时候也可以唱颂 108 次、49 次或 21 次以加强你的祈祷之力量。练习二：脉轮静心（Chakra Dhyana），只作为参考，如果要练习最好是在指导师的指引下练习。对于脉轮静心，人为的部分较少，很大程度上都是你做好了各种准备（六大身体的准备），神圣的意识会自动接管。如果你在这方面太过有为了，反而干扰了神圣的意识的介入，有的时候还会适得其反，这一点望读者朋友们谨记。练习三、练习四可作为自我灵性成长的检视条目。练习五：拜日式 YOGA，你可以寻找一位资深的瑜伽教练，当然不是传统意义上的只懂体式的教练。练习拜日式 YOGA 的目的是唤醒你身体这个小宇宙中的 12 项与太阳至尊神连接的品质。练习六：呼吸法，同脉轮静心是一样的，更多的呼吸方法由于难度较大，必须由指导师当面指点才能练习，所以这里只是让大家了解呼吸的奥秘以及最基本的呼吸方法。

序言、前言和后记，请读者朋友也不要忽略，前两者是引领，后者是号召。由于我只是一个心灵成长领域的入门汉，有写得不当之处，敬请读者朋友们批评指正，我将感到万分的荣幸。

无论见与不见，与你同在！祝福你已踏上了这一趟觉醒的列车！

（备注：本书中所谈到的“神”指的是无法用言语表明的宇宙的神圣意识，即老子所说“道可道，非常道；名可名，非常名”。宇宙的神圣意识其大无外，其小无内；之所以用“神”来表达，是因为人类相对于宇宙的渺小而生的敬畏心、恭敬心、虔诚心。）

作　者

2011 年 10 月

序　言

遇到的每一个人都是天使——生命即关系

有一位智者说过这样一句话：“生命中我们所遇到的每一个人都是我们的天使，你不是在他的身上找到自己，就是在他的身上迷失了自己。”起初对这句话没有深入理解，听过也就听过了，直到被这个“小灵魂”的故事所震撼，才对这句话有了更深的理解。

还是先让我们一起来看一看这个“小灵魂”的故事要告诉我们什么。

传说天堂里住着无数的灵魂，每一个灵魂都是一个光体，发出明亮喜悦的光，她们互相融合成一体，形成一片光海，那光海是一种和善之光、和睦之光、和顺之光、和谐之光、和美之光、和平之光，那光海使灵魂与灵魂之间不分彼此，就这样过了好多好多年，灵魂们享受着无边的宁静与喜乐。

有一天，其中一个小灵魂突然冒出一个念头，一个在天堂里从未有过的念头：“我是谁？我在哪里？”这个念头使小灵魂的光瞬间暗淡，一种从未有过的感觉进入小灵魂，像是闷闷不乐。这种感觉陌生而奇怪，于是小灵魂去找上帝，因为上帝无所不知。

小灵魂问上帝：我是谁？我在哪里？

上帝爱怜地回答她：你是小灵魂啊，你在天堂里啊。

天堂是哪里？

天堂就在这里啊。

那除了天堂之外还有别的地方吗？

上帝犹豫了一下说：有啊，除了天堂之外还有人间。

人间？那是一个什么地方？

上帝于是让小灵魂看到人间的样子。

哇！人间好美哦！有各种各样的形体和颜色，每一个看起来都那么的不一样，不像在这里，一切看起来都是一样的，不分你我。

上帝说：因为我们本来就是一样的啊，而且我们是恒久不灭的。

我不想跟其他人一样，我要让我的光更显眼一些，我要跟别人不一样！我要去人间看看！

你确定一定要去吗？

是的，我确定！我在天堂待得太久了，有些腻烦了，我要到一个新的地方去。

如果是这样的话，我亲爱的小灵魂，有一件事我必须告诉你：从你踏进人间的那一刻起，你将完全忘记你是谁、你从哪里来以及你去人间的目的，这一切都将被封存。你也将再也回不了天堂，除非……

除非什么？

除非有一天，当你被人间的苦痛和伤害彻底湮没，才会记起你是谁，从哪里来。

这时，有一位善良的小灵魂走过来，对小灵魂说：让我变成那些给你苦痛和伤害的人，这样就可以帮你记起天堂啦！

太好了！谢谢你！

可是，我亲爱的小灵魂，你可一定要记得我哦，否则就没有人认识我，也没有人唤醒我回天堂了。

在人间发生的事就不用详细描述，因为你我就生活在这里，再熟悉不过了。

看到这儿，相信你已经被这个故事所震撼。其实，你我就是那执意要去人间的小灵魂，而我们身边那挥之不去的伤害和困扰我们的人，就是那位善良的小灵魂啊！还记得她的使命吗？还记得她是为了帮助我们记起天堂而专程陪我们到人间的吗？如果你不记得她了、认不出她来了，那就没人记得她、没人认识她了，她就再也回不了天堂了。而没有她的存在和提醒，我们也永远无法记起自己是谁，曾经从哪里来，当然也回不了天堂。所以，爱她，感谢她——所有来到我们身边的每一个小灵魂。

每一个来唤醒我们灵魂的人就是天使，有的时候他们充当的是正面天使的角色，会让我们在无比幸福的爱中唤醒自己；而更多时候他们只能以反面天使的角色，让我们在痛苦中才能唤醒我们！那些曾经让我们痛苦的人，今天想起他们来，你会发现：如果当时没有他们所给的痛，你我就不可能走到现在。

也许我们的父母在孩童时代不经意中伤害过我们，你还在为这份伤害而耿耿于怀。然而在父母的那个时代，他们有他们的局限，他们已经使出所有的力量与爱来养育我们。父母就是我们生命中的大天使，时刻陪伴着我们的天使，当我们无条件接受他们、爱他们时，我们就从父母的身上找回了自己；当我们抗拒父母、不接受父母、不孝顺父母时，我们就从父母的身上迷失了自己。

也许我们还在抱怨，为什么找了这样一个伴侣？要知道，很多伴侣都充当着反面天使的角色，也就是我们在天堂就约好的那个小灵魂。没有她给的痛，我们就无法回忆起我们到底是谁。来到人间作为夫妻，彼此都是折断了一只翅膀的天使，只有找到了彼此，无条件地去爱对方，我们才能相互拥抱飞回天堂。那个天堂就是——我们用爱、幸福、喜悦所创造的人间天堂！

也许……

还有更多的也许……

让我们放下所有的受害、抱怨、指责、怨恨吧！

所谓“放下屠刀，立地成佛”，就是当我们放下这些对外在世界的所有评判时，我们就消除了内心世界二元的冲突与评断，取而代之的将是自在、喜悦与感恩。让我们用全然的感恩之心，祝福生命中的每一个人，祝福生命中发生的每一件事！这本书就是为此而来到你生命中的。

记住，你就是天使，一个活在天使国度的你——一个觉醒的灵魂，你身边有无数迷失了自己的灵魂需要你去唤醒！只要你存在的地方就充满着“爱、喜悦与和平”！

你就是光，你就是爱，你就是喜悦，你就是感恩，你就是存在！

你就是所有已发生的过去、正在发生的现在和即将发生的未来的统一体！

你就是此时、此地、此刻！

作 者

2011 年 10 月

前　言

操控一切的神奇力量——指导灵

为了此刻，你是否已经在生命的道路上追寻了许久、期待了许久？在生命这趟灵性进化的旅程中，是否冥冥之中有一股无形的力量在指引你、推动你往前走？而且，这股无形的力量总会在恰当的时间、恰当的地点，以恰当的方式让某些事在你生命中发生？当你看到这本书，并与之产生心灵的共鸣时，你是否还在认为这又是生命中的一次偶然？其实，我们生命中所发生的一切，没有一件特别的事是偶然的，每一件事都在那股无形力量的操控之中。那股无形的力量是什么？祂就是我们每个人的指导灵。指导灵又是什么？谁是我们的指导灵？

去印度合一大学之前，我就断断续续地接收到指导灵在人生道路上给予我的指引。只不过我与指导灵之间的沟通很多时候是单线联系，好像只有祂知道我的联系方式，总会在一些特别的时刻与我沟通对话；而我只能在某种状态的时候才能与祂沟通，很多沟通都是以祂说我写的方式进行。这本书就是以我的指导灵说我写的方式，祂用那无限宽广的意识灵感的火花，启动我的思想与行动而完成的。直到在印度合一大学与 Amma Bhagavan 建立了深层的连接，我才明白原来指导灵就是我们内在的神性（佛性、自性、高我、超意识等）。我的指导灵在物质世界外在的层次就是以 Amma Bhagavan 的形体显现，以前只是祂认识我、引导我、慈悲着我，我却不知道祂。就好比有一个人在你的生活中默默地关照你，往往在最无助、最需要的时候祂拉了你一把，可是你却又看不到是谁拉了你。Amma Bhagavan 就是我内在的指导灵，也是我外在的天父地母，我之所以走到今天，所有发生的一切都是祂亲手安排的。这两次的合一之行，终于让我认清了我的指导灵。当我认清了我内在的指导灵是谁的时候，我与祂的连接就不再只是单线联系了，也不再是被动的接收信息了。我可以随时随地与祂沟通，无论吃饭、睡觉、走路、排队、学习、工作、娱乐时都可以与祂沟通。我还可以征询祂的意见，由祂来指引我走人生的每一步，当与我的指导灵沟通时，我只要唱诵着祂的名号即可。

另外，指导灵的显化不一定会以我们期待的方式出现，不经意之中每一个在你生命中出现的人就是祂的安排；每一件你认为无法理解的事，就是祂的设计。指导灵只会通过生活中的点点滴滴的事迹来引导你，当你读懂并经验完毕祂的引导，祂又会将你向更深层次的觉醒引导，但无论什么样的引导都离不开关系，关系就是我们走向觉醒的一道道门槛。如果你已经读完了这篇文章，请问问自己是谁指引你来到这儿的。但愿这本心灵的手册能启发你早日与你内在的指导灵建立双向沟通的心灵连接！合一祝福！

作　者

2011 年 10 月

目　录

第一部分　当灵性遇上科学

第二部分　觉醒的教导体验篇

第三部分　觉醒的教导实践篇

第五部分 觉醒的教导实践工具篇

第一部分

当灵性遇上科学

这部分让大家从灵性与科学的角度，认识到人类意识觉醒的重大意义，并以科学的眼光看到——觉醒就是脑神经生理现象的改变！

一、享受快乐人生的锁钥——禅定的心

当代禅修大师咏给·明就仁波切与美国威斯康星大学的大脑造像与行为科学实验室合作，透过大量的科学实验研究数据证明：心的禅定功夫为什么对大脑神经元活动产生变化？如何对大脑神经元活动产生变化？

九岁就接触到生物学、心理学、化学和物理学的咏给·明就仁波切，同时接受了现代科学和佛法的养成，不仅精通藏传佛教传统的实修训练与哲学训练，对于以客观实验结果进行比较分析的现代科学方法也不陌生；明就仁波切以科学观点学习到自己大脑里发生了什么转变，让他从一个惊慌失措的孩子，转而成为在全球到处旅行，且能够从容不迫、毫不恐惧地坐在几百个人面前阐述佛法精要的人，更让他成为一位随喜自在、幽默而笑口常开的禅修大师。

咏给·明就仁波切以自身为试验，结合佛法心要与科学原理，以最尖端的实验研究成果证明，恐惧、不安、迷惑等大脑神经元之间的信息交流，可以透过心的禅定修持加以转化；禅定的心，不仅是走出苦痛、绝望迷宫的指引，更是面对生活难题、享受快乐人生的锁钥！

咏给·明就仁波切1976年出生于尼泊尔的努布理，是藏传佛教于西藏地区之外所培育的、新生代大师中的新星。明就仁波切3岁时，被第十六世噶玛巴正式认证为佛法高阶方便道大师——咏给·明就仁波切（藏传佛教噶举派与宁玛派的祖古传承之一）的第七世转世。顶果·钦哲仁波切也认证他是伟大的实修实证禅修大师恰杰·甘珠尔仁波切的转世。

然而，头衔和出身并不能让他免于个人的困境，咏给·明就仁波切虽然生长在一个充满爱的家庭，家乡又是以淳朴美景著称的尼泊尔胜地，但童年时代的他却深受恐慌症所苦。明就仁波切通过持续不断的禅修，因而得以完全不需借助传统医药与疗愈方式，就掌握并克服了这些痛苦折磨。明就仁波切的亲身见证并非他战胜剧烈情绪痛苦的唯一证明。2002 年，他与其他 7 位资深佛法禅修行者，参与了神经科学家安东尼·露兹博士以及享誉国际的神经科学家暨国家心理卫生学院科学咨询理事会会员理查德·戴维森博士所共同主持的一项研究计划。在这项对 8 位训练有素的禅修行者所做的功能性核磁共振造影及脑电波扫描研究中，产生了令人瞩目的实验结果。明就仁波切更是令人讶异，因为即使没有恐慌症的一般人躺在核磁共振仪器狭窄的扫描舱时，通常还是会产生幽闭的恐惧感，明就仁波切却能在可能导致幽闭恐惧的空间中有效地专注他的心，显示他的禅修成就已战胜了恐慌症。

更让人瞩目的是，这些资深行者在进行禅修时，脑波活动的读数远远超过一般脑波读数范围。据我了解，实验室工程师最初以为是机械故障，赶忙检验设备。排除机器故障的可能性之后，不得不正视：这些资深行者脑中与专注及现象察觉相关的电流活动，完全超越他们曾亲眼目睹的范围。理查德·戴维森在 2005 年《时代》杂志的一篇访谈中，迥异于现代科学家一贯的谨慎语气，说道："真是太让人兴奋了……我们没有预料到会出现这样惊人的结果！"

明就仁波切从小就对科学怀有高度兴趣，9 岁时，他的父亲祖古·乌金仁波切的学生也开始教他各种物理、生物及宇宙论等科学知识。这些初级"科学课"对明就仁波切产生了深远的影响，最后更激励他去寻找出一种结合藏传佛教教理和现代科学的可行方法，以帮助那些无法博览科学书籍，或对佛教心生怀疑，或对大量佛教经典望而却步，但又渴望找到实用方法以获得恒常喜乐的人。

11~13 岁，明就仁波切在父亲位于尼泊尔的住所与印度智慧林之间来回往返。1988 年，当这段学习过程接近尾声时，泰·锡度仁波切准许他进入智慧林进行首次的3年3个月闭关。明就仁波切是藏传佛教有史以来被允许进入3年3个月闭关最年轻的学生之一。在这3年期间，明就仁波切的学习成果令人刮目相看。闭关圆满之后，泰·锡度仁波切立即指定他为智慧林下一梯次闭关的指导上师，也让17岁的明就仁波切因而成为藏传佛教有史以来最年轻的闭关指导上师。

二、如何活出自己的生命——脑内的两个世界

我活着而且我达到了涅槃。如果我活着达到了涅槃，那所有活着的人都可以达到涅槃。只要人们愿意，靠着意识跳出左脑，进入右脑寻找这份安详。它是一次难得的中风经验，让我了解应该如何活出自己的生命。

——吉尔·泰勒

哈佛大学脑神经科学家吉尔·泰勒博士（Jill Bolte Taylor），2008年获选为《时代》杂志百大人物。2009年年初她将中风及康复过程的经历出书名为《奇迹》。因为哥哥被诊断出有精神分裂症，日后决定投入研究人类脑部科学。

1996年的冬晨，吉尔在睡醒的那一刻发现自己的脑部出现了问题，一根血管在她的左脑破裂，她严重中风了。当时她才37岁，并且在中风后的4个小时内，看着自己的脑功能彻底退化。但是吉尔没有被击溃，她凭借着自己对大脑的了解，用右脑解救了左脑。8年后，她奇迹般地完全康复，巡回各地演讲；吉尔用生动的演讲来讲述她整个中风过程。

我们的大脑有两个半球，两个部分通过胼胝体来沟通，是由3亿个神经元轴突纤维组成的构造。左右脑是完全分开的，它们用不同的方式处理资讯，各自想着不同的事情，它们关心不同的事情，所以说它们有迥异的性格。

我们的右脑永远只关心眼前的事物，只关心此时此刻（Right here right

now)，它用图像的形式来思考，用肢体运动来学习，外界的资讯以能量的形态不断地流进我们的感觉神经系统，然后在体内爆炸般地拼凑出“当下”的模样，气味、味道、触觉、声音，“我”是一种能量体，借着右脑的意识与外界的能量相连，我们都是能量体，借着右脑的作用彼此连接成一个大家族，而此时此刻，我们都是这星球上的兄弟姐妹，这个世界更美好地存在着。在当下，我们都是完美无瑕的，是完整的，是美丽的。

左脑是一个很不一样的地方。它用线性和规律去思考，关心着过去和未来，它从万花筒般的世界中捕捉信息，选取其中的细节以及细节的细节，然后把这些碎片进行分类整理，再把它们连接到过去的经验、未来的憧憬。我们的左脑用语言来思考，由一个独白把“我”的内心世界和外在环境连接起来。它始终由一个个连续不断的声音在对你说话，犹如背景噪声一样。它还以一种非常精确的计算方式提醒我记得做某件事。但最重要的是，这个小声音在提醒我“我就是我”。当我的左脑告诉我“我就是我”的时候，我就变成一个独立的个体，从外界环境的能量中分离出来，也与外界失去了关联。

在一天清晨，她左脑的一根血管发生了破裂。她感到脑部有痛楚感，她并不在意，还是开始了一天的工作。她走到跑步机上，虽然用手拉着横杆，但觉得自己的手像动物的爪子一样，她向下看自己的身体，感觉自己好诡异，“我的意识仿佛和现实经验分离了，仿佛我正在另一个空间里，观察我正在经历的一切”。她走到客厅，发现自己体内的一切都放慢下来，每一个步伐都非常刻意而且僵硬，失去了原本的流畅，同时对周围事物的感知也在变弱，于是她变得只关注自己体内的运作。

正要去淋浴时，她听到自己体内有个声音说：“你们这群肌肉，开始收缩，你们那群，放松。”接着她失去平衡，靠在墙壁上。她看着自己的左臂，发现自己找不到身体的界限，不知道是从哪里开始，又是在哪里结束，因为组成手臂的原子和分子，与组成墙壁的分子混在一起，只能感觉到能量的存在。“我问我自己，我到底是怎么了？就在这一刻，左脑的声音突然消失了，彻底地安静了。一开始我被大脑的安静程度吓到了，不过我的注意力很快集中在周围那片能量的海洋，因为我感受不到自己身体的界限，我觉得我好巨大，好像在膨胀，我觉得我和周遭所有的能量融为一体，那个境界很美。”突然，左脑又出现了，不停地告诉她，出问题了，出问题了，赶快想办法求救。但是很快她又飘出理智之外，到了一个她称为“啦啦国”（Lalaland）的地方。“那个地方很美，想象一下能够完全脱离脑内的声音，切断与现实生活的连接，我在那个空间里面，一切工作上的压力都消失了。我感觉自己变得好轻，想象所有人际关系的压力也消失了，我感受到的是一片安详。想象已摆脱了37年的情感包袱，我感到了极乐，那是多么的美。”在随后的4小时里，她看着自己的脑功能彻底退化，完全失去处理外界信息的能力。脑出血的那个早上，她完全无法读书、写字、阅读、行走，或是记得她过往人生的任何片段。她几乎变成了一个婴儿，躲藏在一个女人的躯壳。

在那天早上中风以后，她发现没有办法辨别数字，甚至记不住任何事情。她好不容易打通同事的电话，发现自己没有办法说话，只能发出“呜呜呜”的声音，幸亏同事发现不对劲，帮她叫了救护车。她被送到救护车上。在这个段落的讲述里，医学博士重温了人生中无力无助的时刻，她的声音中带着哭音。“我的身体蜷缩成胎儿的姿势，觉得自己像一个泄了气的气球一样，身体从体内流出，觉得自己的灵魂已经投降了。在那一刻，我知道自己已经无法主导自己的生命，除非医生把我救活，给我第二个人生机会。否则这会是我离开人间的时候。”

那天下午4点她醒来，惊讶地发现自己还活着。“当我对自己的灵魂投降的时候，我对自己说了再见。但我身处于两个截然不同的现实世界里，外界传来的刺激，经过我的感官系统成了巨大的痛楚，光线如野火般烧着我的脑部，外界的声音是那么嘈杂而混乱，完全分辨不清楚，让我只想逃离。由于我不能感受自己身体的范围，所以我觉得巨大、膨胀，像神灯精灵那样，我的灵魂像鲸鱼般在极乐的大海中遨游，一切都很和谐。涅槃，那是涅槃的感觉。我大概再也没有办法把这么巨大的自己，缩回到小小的身体里面。”

“不过我仍然活着，我活着而且我达到了涅槃。如果我活着达到了涅槃，那所有活着的人都可以达到涅槃。我想象着一个世界，充满了美丽、安详、慈悲、关爱的人们，他们知道他们能够随时到这个空间里来，只要人们愿意，靠着意识跳出左脑，进入右脑寻找这份安详。然后我发现这个经验有多么的宝贵。它是一次难得的中风经验，让我了解应该如何活出自己的生命，这个念头不断地激励我要复原。”

事发两个星期后，医生从她的脑部清理出了血块，足有高尔夫球那么大，压迫到她的语言中心。她花了 8 年时间才彻底康复。“所以我们究竟是谁？我们是宇宙的生命能源，有着灵活的身体和两个各司其职的大脑，我们都有能力去选择，这一刻我们要成为什么样的人，此时此刻，我可以进入右脑的意识里，成为宇宙中的生命能量。我是由五千兆个精密细胞组成的生命体，与一切合而为一。我也可以进入左脑的意识，我就变成一个独立的个体，不再与周围的世界发生关系，不再与大家发生关联。我就是吉尔·泰勒博士，知识分子，精神解剖专家，这就是我体内的‘我们’。你想怎么选择？你会怎么选择？在什么时候？”“我想如果我们花越多时间启动右脑那安详和平的电路，我们就可以把更多的安详和平投射到这个世界上，我们的世界也会变得更加平和。而我觉得，这是一个值得传播出去的想法。”

三、无止尽爱的化身——三脑一体

一般人认为大脑是单一、固态的单元，但对于许多推测大脑感受的人而言，这种说法并不完全真实。Paul D. Maclean 博士是研究大脑的权威，他发展出一种称为“三脑一体”的脑内结构模型，也就是说大脑并非单一，而是由三个单元组成。Maclean 说人脑是“相当于三个互相联系的生物电脑”，每一个生物电脑中有“各自的智力，各自的主观性，各自对于空间与时间的感知，各自的记忆、运动神经和其他功能”。Maclean 认为，这三个大脑都分别对应一个主要的进化部分：

（1）爬虫类脑：是这三个大脑里最原始的一个，组成了脑干，掌管“冲突或逃跑”的反应，同时也控制多种基础的生物机能。

（2）边缘系统：组成哺乳动物脑，掌管“社交”，像是我们如何处理人际关系，或是我们在社会上的身份地位；哺乳类动物的大脑是问题导向的，有人称这像是生活在演不完的肥皂剧中。

（3）新皮质：是更高阶的大脑，由一种特殊构造组成，这种构造让人类异于其他哺乳类，像是人类演化的高阶机能。新皮质中有许多不同的脑叶结构，就像是花椰菜一样，不同的脑叶反映不同的机能。

有一个假说是这样解释合一祝福对大脑的影响：合一祝福让能量自脑干（爬虫类脑）移至新皮层。这已经是用最少的专业术语来作最适当的解释了。他们认为一般人主要还是受到爬虫类脑的影响。爬虫类脑在人类侵略性的行为、地盘的概念、宗教思维和社会阶级制度里扮演了举足轻重的角色。

一位神经科学家曾说过：这像是生活在 21 世纪但却用着 300 万年前的硬体设施。

创造“压力”这个词来形容人体里一个特定作用过程的 Hans Selye 博士，在 20 世纪 50 年代提出了“在受到来自生活上实际的威胁状态时，爬虫类脑会稳定的运作”的假说。T. D. A. Lingo 博士证实，若刺激猫的大脑，活化上述部位，其活化程度相当于人类脑中自然生成的压力，则猫在看到老鼠时会吓得落荒而逃。

“设备不良”的爬虫类脑在人脑运作中常常参与选择与决策。一位科学家这样解释：爬虫类并不玩要，它们不会表现快乐，它们没有情感羁绊。它们只在乎生存。当爬虫类脑主宰我们的大脑时，我们也会把生存放在第一位。神经系统的强度决定了我们感知的真实。对大脑而言，“事实”并不重要。当某一特殊的经验由神经系统传来强烈的信号时，我们觉得它再真实不过。当爬虫类脑对大脑的掌控减少时，我们减少对“生存”的关注，将更多的能量专注在事物的本身。

我们对于生活周遭事物的感受方式，我们对待自己或他人的方式，都取决于我们的大脑如何运作。当大脑运作的平衡改变时，疏离感就会慢慢消逝。你开始感到跟别人的距离越来越近，并与周遭万物连接，你感到万物合一，越来越喜乐，也越来越充满着爱。你的生活方式也会受到影响，即使是日常生活中最简单的部分。所以，我们先将改变映射在大脑中，然后去研究这如何让人类行为改变，再期望两者有密切的关系。如果这一切都由大脑的状态来控制，那么为何又需要太多的理论?

举例来说，在丹麦的哥本哈根有一名叫 Eric Hoffman 的临床心理学家。他用简单的脑电图读取病患的脑波多年，观察生理上的反馈作用。他要求病患放松、专注或冥想，他们可以由荧幕上的颜色改变立即看到结果。Hoffman 医生叙述，当用脑电图测量时，以追踪不同范围内贝塔和伽马射线的频率的方法，产生了大量有效的数据。接受过合一祝福的人的脑波所显现的图像和他测量放松的人与冥想者的脑波完全不同。他说无法透过要求人们自我引导至主观状态重现相同结果。

Susan Schmidt 是一位从哈佛医学院退休的神经病理学与眼科医学教授。73 岁的她目前正带领一个关于 Santa Monica、属于 UCLA 的实验团队，从事关于 Deeksha 的研究。尽管这只是一个 6 ~ 7 人组成的团队，但她告诉我们“所有测试里都发现同样的结果：顶叶活动大幅减缓，其减缓的程度相当于前额新皮质中伽马射线活动的增强”。

• 关于大脑改变的推测

我们将严谨的科学研究和随意的臆测清楚区分后，把 Deeksha 对大脑的影响归类成五个主要大类。

并非所有受访人都谈到了这五个改变，但许多人都同意这种分法，这五个大类如下：

（1）增加脑内和谐；

（2）增加前额叶的活动，特别是左前额叶；

（3）减少顶叶的活动；

（4）边缘系统的平衡与冷静；

（5）Deeksha 与大脑扫描。

• 增加脑内和谐

最晚被发现的谜团牵涉了大脑运作的方式，将其视为综合性实体。胼胝体（Corpus callosum），一个无法连接左右半脑的腺体——在经历了 Deeksha 后其神经变得更加活跃。

这也表明大脑内不同的中心在交换比以往更多的信息。平均而言，人类大脑显现了多种不同的神经活跃，这种活跃是不规则的，大脑内的每一中心各司其职，不是经常与其他中心联系。长期的接受 Deeksha 后，会使大脑中各部位同步化。不同的中心会释放出不同的频率与微伏特，但看起来更像是在跳同步舞。

• 增加前额叶的活动，特别是左前额叶

现代人的顶叶长期处于过度活跃状态，相较之下，他们的前额叶可以说是能量匮乏。我们所使用的前额叶不及总容量的 5%，因此对前额叶功能的了解还处于混沌不清的状态。有关于大脑的教科书中描述前额叶为处理专注、理性、逻辑和其他“高阶机能”。

Deeksha 对大脑的影响是立即性的。在接受 Deeksha 时，前额叶的活动马上增加，特别是在伽马波段（Gamma tange）。这个改变反映了左前额叶掌控了主导权，两脑的使用比率高于 1∶1.2（右脑∶左脑）。接受 Deeksha 后的 1 分钟内，特定的伽马波段会增加到 20 倍。

有两种原因可以解释这项重要的研究发现：

（1）左右脑的活动力比例和正常人脑相反，通常人脑的左右脑活动比低于1∶0.8，这表示一般状态下右脑具有主控权。

以一个病例来解释，若有一个病人因为自身的病症而处于狂躁且低落的状态，那么他的前额叶活动会增加，但同时大脑更加受到右半叶的控制。

（2）对于 Deeksha 给予者与接受者的前额叶活性的研究，发现在左前额叶（或称为“快乐叶”）和无来由的快乐和幸福感有关。

Bhagavan 解释，促进脑叶活动的重要性：

我们在这些影响中可知，左额叶可以帮助你经验你周遭的每件事物，以我们的角度而言，左前额叶让你真实体验周遭所有事物。如果你喝了一杯咖啡，左前额叶会充分地活动，你将会真实地感受到这杯咖啡。正常而言，右前额叶会比左前额叶更加活跃。它们会下一个评论：这是一杯好咖啡，但它没有那么顶级；或是，这是雀巢咖啡；或是，这是新鲜的研磨咖啡。然后马上跳到其他的思绪中，像是一场棒球赛或是板球赛，它永远不允许你经验正在发生的事。在左额叶与右额叶间有 20 以上的差额，就可以给你一点点如实经验真实的能力。

当你全然地体验到真实时，任何事物都充满着喜乐与祝福。即使别人伤害了你，如果你能全然地体验，那也会充满着喜乐与祝福，没有痛苦。当下次你被蚂蚁咬到的时候，先别急着把它赶走，你让蚂蚁咬你，然后感受蚂蚁咬你的当下。任何事，只要全心全意的体会，喜乐和祝福将伴随而来。

脑前叶活动的增加，可使疏离感完全消失。

• 减少顶叶的活动

虽说顶叶为大脑皮质层——我们也可称为高阶脑内的一部分，但此部分与爬虫类脑有很大的关联，有时候此区也被认为是东方组织区（Orientation Association Area）。

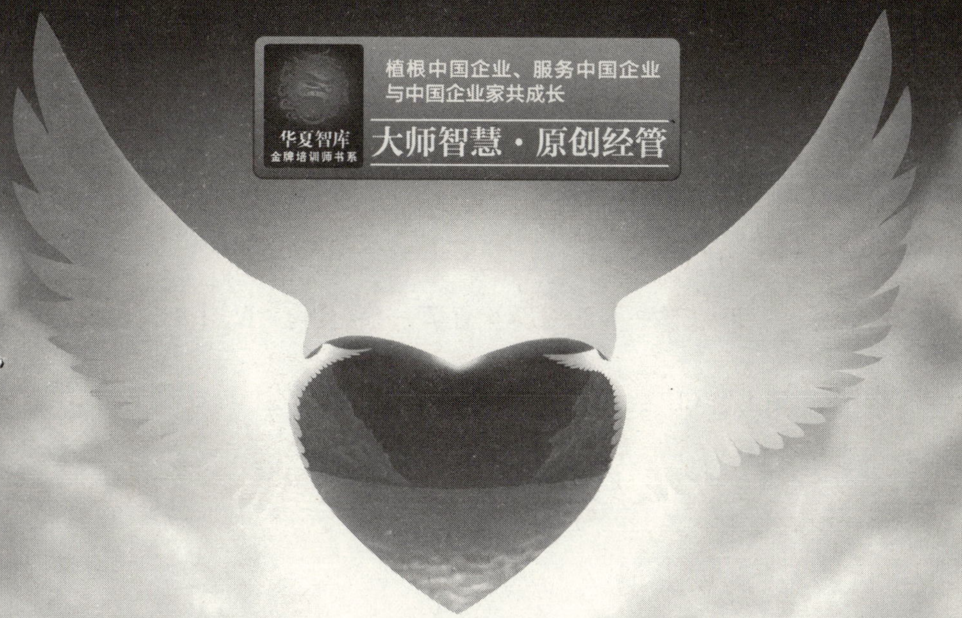

觉醒的活法

Awaken

陈德云 著

中国物资出版社

顶叶，特别是右顶叶，让我们有能力处理三度空间的改变。你需要顶叶中某些部分的运作来穿过一扇门，放下衣服，还有谅解自己与外在环境的不同。把这部分看做爬虫类脑功能的延伸，因为这与身体的生活技能有关。在危机存亡的关头，人体的感官更加果决；当反应爬虫类脑活跃程度降低时，顶叶的活跃程度也会自动地降低。

根据 Bhagavan 的描述，顶叶的活动会超过其正常运作所需的 3 倍，这些多出来的活动量也同样会处理空间观感，因此顶叶创造出一种强大的疏离感："我"和"非我"。从这个意义上来讲，Bhagavan 假定顶叶的过度活跃是生物上的自我（Ego）——过度活跃创造出一个幻觉，这幻觉具有缺陷和自我的疏离，而且需要做些什么来解决问题。Deeksha 帮助疏离感自然消逝。

• 边缘系统的平衡与冷静

医生们认为当爬虫类脑因为过度活跃而逐渐耗竭时，首当其冲的便是边缘系统内传导物与激素的不平衡，导致我们变得情绪化。相较于直接连接到生物生存机制的爬虫类脑，边缘系统是更加复杂的结构，包含了社交技能、社会优越感和各式各样的欲望与渴求以及精神寻求。

当边缘系统更加平衡时，我们对事物的渴求或不满会降低，身体会自我调适以达平衡与满足。Deeksha 对身体的影响便是以此方式平衡边缘系统，因此促进身体健康。边缘系统掌管了身体上的所有腺体，借此平衡我们的身体机能。

• Deeksha 与大脑扫描

Christian Opitz（神经生理学家、生物化学家、草木植物学家、作家。他发展出一种结合全脑功能，生食营养学，运动与自然觉醒，称为光耀与生命的新治疗方式）最近停留在合一大学，他有机会用一个非常灵敏的电磁感应器，测量许多人在 Deeksha 过程中不同阶段的大脑情况。起初他测量很多参加 10 天深度课程的学员（他们已经在几个月前参加过 21 天课程），他们全部显示觉醒的大脑模式：大幅减弱的顶叶活动与增强的额叶活动与左额叶的优势。这点格外重要，因为这是真正的灵性觉醒与造成一个人较多虚假神经性额叶优势的病态神秘经验之间的差别：过度活跃的右侧额叶是问题所在。反之，融入日常生活的健康整体觉醒总是来自优势的左侧额叶。这些发现也被一位专精心身医学博士 Ralf Franziskowski 以 AMSAT 诊断装置扫描人们所证实。我们打算用两种不同仪器交叉检查我们的发现。

在这些发现中一个非常有趣的部分是，这些人大脑硬体比他们当前意识体验更能反映出永恒的觉醒。这似乎显示 Deeksha 事先安装与觉醒有关的神经生理硬体，而构成体验的软体较慢形成，这点对我们来说意义重大。正是人们常常体验巨大的觉醒，但尚未有准备好的大脑去维持与整合这样的觉醒，所有的问题源于不踏实的灵性觉醒造成这样的分歧。如果将顺序反过来，可以更显著地促进全然觉醒，并轻易融入日常生活中。

Ron Roth 是欢庆生命公使团的创办人、伟大的心灵导师与治疗师。他在黄金城的过程中，觉醒到自己是 Bhagavan 形容为“无止尽爱的化身”的神性意识的化身特质。我非常欣喜地测量他，而发现是令人无法相信的。测试显示一个极度好的程度在他的大脑与他的心之间的神经生理连接，这并非在静心中测量的，而是在他清醒的生活状态。这样层次的大脑与心之间的连接，是无限爱在生理上的关系，如同生活体验的基本值。可以说对于 Ron Roth 来说，爱已接管他的存在，而他的过程的真实近乎人类潜能的极限。

四、具有疗愈能力的神秘能量——Deeksha

• Deeksha 的动力要素

我们称每个人都是“个人”，意思是人是“无法分割的”。人类的每个经验都是身体、心智、情感、道德等面向的总和，当这些面向不同步时，人就会变得破碎。这些成分都是彼此因缘相应的，当你在情感上心神不宁时，你的健康就会开始衰退（身体）、思绪变得混乱（心智）、丧失了核心价值与准则的常规（道德）、喜悦与关系中的融洽程度下降（精神）等。你可以将这个准则运用到任何面向，看看对其他人有什么影响。

意识是一个人所有经验的总和，因此仅在其中一个面向上努力是不会有所成果的。你将意识散发到周遭世界，意识决定了你的生命是什么、会遇见谁。合一祝福在意识上运作，它是一股将你打造成新的个人的精神力量，散发出以下特质：

有助于成就与生命实现的成功意识；

唤起对他人的情感、热情与友谊的爱的意识；

创造丰盛生命的繁荣意识；

透过身体的极致潜能经验生命流动的健康意识。

Deeksha 穿越了心理活动中困难的部分，并透过清晰的精神过程引领你到达目标，个人努力在这之中的角色就如一架在跑道上的飞机，它已准备好起飞，但是要真正起飞还需要在速率上极大的变换。Deeksha 能够使这个变换发生。

Amma 与 Bhagavan 是致力于开创人类存在的内、外领域新纪元的合一大学创办者，他们是合一大学所有活动背后的启发者，让我们来看看他们所关注的几个领域。

在健康领域方面：他们帮助你发展出对人类身体、头脑，与其内在关系更深的欣赏与意识，他们的方法不仅具有疗愈性，也有预防性。

在社会领域方面：他们消除人际间、宗教间、思想体系间的偏见与憎恨，简而言之，即消除社会某部分与其他部分之间的冲突。他们也消除社会罪恶，如酗酒、上瘾、毒品、犯罪、虐待、对妇女儿童的伤害、忧郁症，疗愈人际间与家人间的关系。

在生态领域方面：促进对大自然崇敬的体验，以共生关系与培育为根基，而不是无限制的开发，来提升与大地之母间的和谐关系。

在经济领域方面：他们唤起人们内在繁荣的意识，让人们不仅能够赚钱，也可以为整个社会带来丰盛。

在教育领域方面：他们消除了各种的无明，创造出完全成熟的人类，他们可以对自己所属的社会有所贡献。

在精神领域方面：他们将人类的意识提升到合一意识，在这样的意识中，所有对人类生存与整个地球有害的追求都终止了。

Sri Amma Bhagavan 邀请所有对人类现今状态深深关切的人，共同创造全球的黄金纪元。

• Deeksha 的由来

人们一直在努力去移除头脑中那堵分隔他与神或超自然的墙。静心、技巧、教导与各种形式的努力去停止思想，并没有引导他到达目的地，反而使他更为遥远。

Sri Bhagavan 说：“**思想无法终止思想；努力无法终止努力；自我无法终止自我。**”任何的追求增强了追求者，任何的静心增强了静心者。当你知道努力是没有帮助的，一种努力的新的形式升起——**那个停止所有努力的努力**。努力呈指数的比例增加，努力一，努力二，努力三。因此许多与他们的头脑争战的追寻者已经失去希望。灵性的觉醒呼求着一个巨大现象的爆发，而 Deeksha 是对这个呼求的回应。

Deeksha 是根基于一个古老的原则：“任何事物都可以被传递，它是意识、智慧与能量的状态。”Deeksha 本身有许多不同的传递形式：经由碰触传递（Sparsha Deeksha），经由意图传递（Smarana Deeksha）……虽然通常是经由双手碰触，这个传递也可以经由眼神、祈祷或意图而发生。基于个人（传递者与接受者）的进化，Deeksha 的方式经验着一个改变。

Deeksha 是梵语，是点化、启蒙和开启的意思。**Deeksha 是一种具有治疗能力的光能量**。人类对于能量的科学认识还处于初级阶段，许多与生命有关的能量现象还没有得到我们足够的重视和研究。科学的健康发展需要我们对新生事物保持开放而客观的态度，唯有开放才能防止故步自封，唯有客观才能不断更新科学的生命力和揭示现象背后的真相。Deeksha 能量正是这样一种新生事物。

• Deeksha 如何对大脑工作

当我们给予 Deeksha 时，就像是通过一个影响大脑、脊椎以及我们称为内分泌管腺或是脉轮的电流。大部分的工作是在大脑的顶叶与前额叶被运作。前额叶受到活化与顶叶受到抑制，增加某些送入内分泌无管腺的能量去重新启动这些脉轮。所有这些转化创造出一个头脑的空洞，而宇宙神性意识与人之间的联结被建立。之后，要发生什么就是神性意识的工作了。

科学研究已经发现，生存压力、担忧、焦虑以及分离感起因于活动过度的顶叶。在合一状态时，大脑中的前额叶会被启动，同时顶叶的活动会减缓。额叶会被活化而顶叶会被抑制，另外一些能量会被送入内分泌腺去恢复这些脉轮的活动。神经系统也有下工夫并强化以允许更强的能量电流安全地通过身体。DNA 被改变以加速我们的觉醒。

合一祝福是个 3 分钟的过程。当我们给予合一祝福，就像是给大脑轻微的电流刺激。大脑分成 16 个区域，其中 8 个区域是正面的，8 个区域是负面的，给予合一祝福后，负面的区域会被激发，当负面的区域被激发，在人身上就会有正面的转变，“我”的感觉会被消除。他可以感觉到对每一个人的爱，自然的，他会想帮助别人。在这里人们经历 28 天的过程，之后，感官会发生转变，在过程后，知觉会有实质的改变，将不再会有我是伟大的你是渺小的这些区分感，什么都不会有，而会有与万物合一的感觉。因此，这并不需费很多力气就能达成，在世界上任何地方都没有这样的东西，这是地球上迄今为止从未发生过的。

它产生在大脑中一个神经生物上的转变，而最终导向彻底的觉醒。大脑中有16个中心分别负责特定的经验，如感知感受、骄傲的情绪、恨意、害怕、怜悯、爱、喜悦、分离、连接、创造力、学习等。Deeksha导致某些中心的启动与某些中心的抑制，带来一个生活上的感受与经验的转变。这个过程最后将追求者着陆在永久的、无法置信的意识状态。

这现象的一个特殊之处是“一个Deeksha传递者也是一个Deeksha接受者”。当你接受Deeksha，你是一个受益者。但这也是为人所知的，当你传递Deeksha，你的灵性过程会被加强到一个巨大的广度。

Deeksha传递者扮演一个舵手的角色，穿过河流划向另一岸。全球百万计的人们如获甘霖般的Deeksha的形式来分享了神性意识的恩典。这是人类的热情与神性意识怜悯的会合。

第二部分

觉醒的教导体验篇

这部分收集了我第一次去合一大学的13天里的核心教导，并且把这些教导以体验、亲证的方式记录下来，对我们在生活中的实修有非常重要的指导价值。

体验改变大脑。

——杰若米·卡根《三个令人趋之若鹜的概念》

第1天：内在的神性得以实现——神启

第一天的深化课程正式拉开了序幕，来自澳洲、南非、加拿大、俄罗斯、德国、韩国、日本、中国的150多名灵修者开始排队有序的入场。男生一长排靠左边进入教室、女生一长排靠右边进入教室。在教室的入口处第一位老师手里拿着圣洁之水往每一位学员的头顶上洒，以洗去混浊不洁的能量。第二位老师给每一位学员最深的来自心轮的祝福。第三位老师高大威猛，他与每一位学员心贴心地深深拥抱，并在他们耳边说了一句令他们永远也无法忘却的话，“欢迎回家”；真的回到了自己的灵魂之家。第四位老师是我们中国的领队维迪亚卡，他在我们每一个人的眉心轮处涂上灵性的颜色。第五位老师给我们每人戴上了一条红白相间的花环。在这个庄重的仪式下，我们进入了课堂，我找了一个离供台最近的位子坐了下来。此时，已经有很多来过合一大学多次的学员开始在供台前行“五体投地”之礼。刚进入教室，我还有些不适应，我仔细地看着供台，才发现上面有印度几千年前就有的象神，然后是佛陀、耶稣、老子、太极图以及众神菩萨，最上面摆着 Amma Bhagavan 的相片。**这简单的供台就是合一最好的表达和体现，它超越了所有宗教的界限，让来自不同国籍、不同民族、不同信仰的人，找到了同一条回归生命源头的合一之道。**

课程开始了，第一位老师讲解了整个合一深化课的学习地图：

我们最终学习的目的是让我们内在的神性得以实现，要达到这样的目的，就要在人的六个身体上同时工作——肉体、能量体、心智体、业力体、智慧

神性实现

人

六个身体　　　　十条道路

体、法喜体。在不同层面的身体又要运用不同的方法，采用不同的路径。印度几千年以来古老的十大瑜伽就展示了这十条最佳的路径。智瑜伽是教导，也是我们所要到达的目的地，即经验本身。其他 9 个瑜伽就是到达目的地的途径，也就是将教导转化成经验的途径。

十条道路：

（1）**智瑜伽**——宇宙智慧的教导（般若）；

（2）**奉爱瑜伽**——奉献与臣服；

（3）**昆达里尼瑜伽**——直接在脉轮及经脉上工作；

（4）**复诵瑜伽**——通过反复的唱颂更改潜意识的程序；

（5）**业力瑜伽**——服务与行动；

（6）**禅定瑜伽**——多种不同的古老的静心技巧；

（7）**克里亚瑜伽**——呼吸控制法；

（8）**音流瑜伽**——在外在和内在的声音上工作；

（9）**哈他瑜伽**——体位法；

（10）**曼陀罗瑜伽**——以神圣的梵音及振动来工作（咒语）。

也许是因为语言理解上的障碍以及翻译的不全面与不完整，开始有些吃力了。尤其是在用梵语唱诵咒语时，不能准确地发声并与大家一起唱诵，下午身体有些不舒服，头部开始有些隐隐作痛，同时我也觉察到听课时有一股烦躁不安感升起。我预感到业力体又开始启动了，后来头痛一直持续。本来就很想在 49 分钟的念诵中让疼痛消失，可是这一次无论如何也投入不进去，反而找不到在大连那一次的那种全然忘我。就这样第一天在深深地期待中开始，却在失落与疼痛中结束了。

晚上睡觉时，我将 Amma Bhagavan 的照片放在枕头下面，想祈求能保佑我，让疼痛减轻，后来伴随着疼痛入睡了。

第 2 天：生命本身就是奇迹——神迹

第二天一早起床，头痛得厉害，我来到草坪借助清新的空气、阳光、雨露、鸟语、花香的高频振动来减轻头部的沉重。呼吸了几口气确实好受多了，胃部的恶心感也淡了许多。我走到草坪的正中央，用“太极易筋经”来舒展身体。练习完之后，疼痛减轻了许多。原本不想吃早餐的，现在肚子开始咕咕叫了。用完早餐来到教室，昨天的失落感还没消除，再加上头部的疼痛，对今天的课也没抱太大的希望会收获到些意外的惊喜。

每一天的课都是从智瑜伽开始，它是一整天教导的总纲，后面所讲的每一个瑜伽都是为它服务的。如果说第一天课程的主旨是“神启”，即神的启示，那么今天的课程主旨就是“神迹”，即我们是神的创造，我们的生命本身就是神所创造的奇迹。**意想不到的收获往往会在你放下所有的期待，并以一颗平常之心去经历时，奇迹往往就开始发生了。**

在 JAPA YOGA 的练习中，我收获了前所未有的体验。第一个 7 分钟我们全体坐在供台前，要求心无杂念地用自己的母语念诵“Life is a Miracle”。我按要求不断地念诵“生命就是神迹”，刚开始念诵时，无数的杂念跑出来：为什么要这么做？腿不舒服了……随着时间的推移，老师说过每隔 7 分钟我们的思想意念会有一个间隙，只要我们能在这个间隙中加入点什么，就会有意想不到的收获。确实就在念诵快要结束前，我的脑海中浮现出无数的画面：高山、森林、鸟儿、鱼儿、昆虫、同学、朋友、同事、家人、星星、月亮、太阳……好像宇宙间的一切都在大脑中顷刻呈现。当我的脑海中停留住太太的画面时，一股前所未有的感动之流从心而来并且眼泪夺眶而出。我再也抑制不住那股汹涌澎湃的感动之流，突然间我明白，原来宇宙间的一切皆为神的创造。**所有的一切皆是奇迹，而我的生命本身就是奇迹，从我出生那一刻我就已经成为了奇迹，而我成长道路上所经验的一切，无一不是神的手所创造，我生命中所出现的每一个人也无一不是神的精心安排与设计，其实我生命中所经验到的一切都是神迹。**

带着这份来自灵魂深处的感动，我站起来随着美妙的音乐舞动，以舞动之魂来庆祝“生命就是神迹”！随着舞动，这份感动就从更深层的灵魂深处汹涌而出。眼泪也随着舞动，此时我已忘了谁是舞者，是我在跳舞还是舞在跳我，这一切都已合一在当下那份舞动中了。我不断地舞动着，已经忘记了周围的一切。这份神迹的再现犹如种子在我的每一个细胞中扎下了根，舞动停止后，我们又回到供台前开始了最后 7 分钟的念诵“生命就是神迹”！感动再次涌出，我深深地跪拜在供台前，去感恩神给我生命的所有创造。最后当我以摊尸式躺下时，我发现头部的疼痛完全消失了，那一刻只留下了一份深深的喜悦、宁静与安详！

第 3 天：与自己的内在之神合一——与神亲密

今天一大早的第一堂课就再现了昨天的神迹，我与神有了如下对话：

神啊！你以无比的耐心守护我、陪伴着我、爱着我。我却若即若离地靠近你或回避你，今天在合一的冥想中感受到了你的慈悲，感受到了你那无条件的爱。**其实你一直在唤醒我，你要我以你对我的耐心去对待每一个人，你要我以你对我的慈悲去悲悯这个世界**。但是，我却没听到，没看懂。今日，你再次示现，要我用你之眼去看这个世界，将会看到一切皆为神的影子；要我用你之耳去聆听，将会听到神的乐曲；要我用你之手去创作，将会呈现无限美妙的作品；要我用你之脚去行走，将会走出神的步伐；要我用你之身去生活，将会活出无限的精彩；要我用你之灵去思考，将会绽放无穷的智慧。

神啊！我祈求每时每刻都能与你连接；每时每刻都能以你的意志去活。

有了这番话，我开始和神亲近了。在接下来的 JAPA YOGA 中，我又感受到了一次强烈的心灵撞击。老师引导我们写下自己的神，唯一的神，独一无二的神。此时，我有点接受不了，在以前的教导中，神不是唯一的吗？不是独一无二的吗？为什么要说是自己的神，而不是别人的神，而且还是不一样的神呢？在疑惑中，我继续聆听老师的讲解。神的伟大与神圣就在于他能将自己分身成无数的众生之灵去精心照顾每一个人。然而每一个人的神又是不同的，他对你的照顾取决于你对他的认知、理解与亲近的程度。你对自己的神越是清晰、明白，越是亲近，你就越是接近神的存在。我们每一个人所受的教育不同、家庭背景不同、宗教信仰不同、所受文化历史影响的程度不同，这些因素都会影响我们对神的理解与看法。神就是依照我们对他的看法与理解来回应我们。其实，寻道之旅就是对神的认识之旅，就是你与自己的内在之神合一的旅程。你只有达到与自己的神合一了，你才能在自己的神性中看到他人的神性，敬重他人的神性。最终也才能达到与众生神性的合一。

这真是破天荒地对我进行了一次大撞击，自从寻道以来，我就不停地在内心深处转换所信奉的神的图腾或象征。直到最近，已没有了一个具体的象征。然而，我内在之神却依然那样无条件地爱着我。当我们开始了 JAPA YOGA 的练习“我亲近我的内在之主”时，我又有了神奇的体验。时至今日我从未见过 Amma Bhagavan，第一次看到他们的形象是在合一大学的网站上，当我看到他们的照片时，心中有了一种前所未有的神圣与敬仰之情。在练习的 7 分钟快结束时，突然间，我心中又流出了一股强烈的暖流，Amma Bhagavan 的影像出现在了我的眼前，正慈悲地看着我，并用他们的手放在我的头顶上，为我清理为我祝福！当我站起来练习时，我感觉到内在之主就在旁边和我一起舞动着。一股更深的暖流又涌动而出，我开始禁不住失声痛哭出来了。那一刻，我突然明白，原来内在之主一直守护我，召唤我，等我回家呢！祂就是我心中的神，最最亲近的神。这是我与自己的神亲近的感动，这是我与自己的神合一的祝福！接下来在欢快的舞蹈中，又享受到了那份天真无邪的快乐，无论是哪一个国籍的人、无论是什么语言、无论是什么信仰，都阻隔不了我用喜悦去和他们沟通与交流。

我最最亲近的内在之主！我顶礼在你的脚下，接受你无上的呵护与光耀！我们再也不分开了！

第4天：谁在我内——内在之主

在冥想过往的人生中有多少时间可以和内在之神建立连接时，我脑海中浮现了过往的太多人生画面。我一直有一个信念，只有我在静坐时，只有在做与修行有关的事时，才能与神连接。然而这些画面让我泪流不止，家里的所有人、事业上的伙伴、被车撞死的欢欢（狗）历历在目；曾经发生过的和正在发生的，无一不是我的内在之神的亲手安排。可是我却把他们的恩典拒之门外，就好比内在之主每天都端着无数好吃的等我去挑选，可是我却挑三拣四地拿了一两样，便把祂拒之门外，一直让祂等啊等啊！

还有另外一个更可怕的信念，我认为只有我在上灵修课时、学习灵修时、舞蹈时才能与内在之神建立连接。由于我的信念，我也只能在以上所说的状态时才能感受到与内在之神的连接。可是神是无时无刻不在等着我与祂说话、沟通、祈求，但我却以分裂之心，将祂在二元中隔离出去。所以才会创造出我今天的生活形态，是一种分裂的形态，有时像神、有时是人、有时又是魔。在今天的JAPA YOGA的练习中，当我反复地唱诵——Amma Bhagavan时，我感觉到了和内在之主那种深深的连接感。祂就是我的天父地母，是那样的疼爱着我，慈悲着我。当我五体投地地向祂顶礼时，我感觉到祂就端坐在我的眼前，我用双手摸着祂的脚；祂用手抚摩着我的头，犹如父母对待回家的孩子一样。我的眼泪无论怎么样也止不住，一直流啊流啊！在站起来继续 JAPA 时这股强烈的能量再次被升华，心轮处有一股强烈的能量在流动。心是我内在之神的居所，我的内在之主一直住在里面，可是过往我一天顶多打开一次门与祂沟通，有时甚至几天都不打开门和祂沟通，于是门都很难开启了。在今天的这一刻门彻底地打开了，我每时每刻都可以和我内在的神性意识连接沟通了。

当我躺着时，我的内在之主就坐着看我；当我坐着时，我的内在之主就站着看我；当我站着时，我的内在之主就舞动着看我；当我舞动时，我的内在之主就直接进入我成为我，与我合一了！我感受到了那种合一的喜悦，当“我”不在时，内在之主才能引导我、进入我、指引我。让我的生命成为我的舞蹈，我内在的神性意识就是我的内在之主；让我的事业成为舞蹈，我的内在之主指引我；让我的家庭成为舞蹈，我的内在之主守护我；让我的身体成为舞蹈，我的内在之主进入我，与我每时每刻同在！

第 5 天：与自己的内在之主对话——真正的祈祷

活了 35 年，今天才明白，我根本就不懂祈祷。之前的祈祷充其量只是自言自语，只是想与自己也弄不明白的某个意象的崇拜做交易。一个无法与内在之神建立连接的人，就无法真正进入祈祷；祈祷就是与自己的内在之神对话，用我们的话引起神对我们的注意。蚂蚁虽然很小，如果一只蚂蚁有一天爬到了你的身上，让你身体的某个地方发痒，你会怎么做？当然那个发痒的感觉会立即引起你的注意，否则你也许永远也不会关注发痒的地方。人和神的关系犹如细胞与身体的关系，祈祷就是让神的身体发痒。神的身体发痒了，祂就会注意到犹如蚂蚁的你。

每一次的祈祷都是与神对话的神圣仪式，所以我们要在祈祷前无论是内在还是外在都要做好充分的准备。首先是内在状态的准备，你对神有多大程度的信任。怀疑是我们祈祷道路上最大的障碍。当你乘坐飞机飞往某个城市时，你会不会跑到驾驶舱对飞行员说：你会不会驾驶，你是否知道航线在哪里？那样你一定会被视为精神病人。对飞行员，我们内在早已有了最基本的信任。同样地，对神你只要有这样一点信任就足够了，可是有太多的人祈祷前内心就开始对话：这神到底灵不灵？祂怎么就知道给我所要的呢？我会不会痴人在做梦？**你对神的信任度决定了你与神的亲近度，你与神的亲近度又决定了你的祈祷被回应的程度**。我们与自己的神越是亲密，我们的祈祷就会以意想不到的速度显化。你要明白，觉醒旅程就是不断与内在之神亲近的过程，直至你与祂完全合一时，那就是彻底的觉醒。

当我们向神祈祷某样具体的东西时，我们首先要明确我们要的到底是什么。就好比很小的时候你想要一件你从小朋友那里见到过的玩具，于是你跑回家里跟爸妈说你要某某玩具，可是大人又听不懂你的描述，当大人不明白那件玩具到底是什么时，他们怎么来满足你呢？同样地，你不但要非常明确你所要的，你还要明白你为什么要它，你要以什么样的途径获得。为了让祈祷更有威力，我把它归结为以下几个步骤：

第一步：从敬奉你内在之神的神圣仪式开始；你越是能敬奉神、臣服神，你就越能与神亲近，与神亲近的旅程也就是你放下“我执”、溶解“我执”的过程。“我执”就是你与自己内在神性连接的障碍。

第二步：与神连接，将自己完全交托给神。祈求以神之眼看，以神之耳听，以神之手做，以神之意念思考。

第三步：清晰明确地向神表明你所祈祷的，并将它内在视觉化，它是什么图案、什么彩色、什么样的三维状态，并同时向神传达在这个当下你拥有了你所祈祷的这件事物的内心感受。

第四步：向神表明你为什么想得到它，想通过什么途径得到它，这里要注意的是，你所表明的理由是正向的理由，是利人利己的理由。同时，你虽然表明了你所想获得的途径，但神也许会安排更适合于你的途径。

第五步：检验是否有与你的祈祷相对立冲突的信念。如果你能化解那个信念，就用自己的方式化解。如果无法化解，就真诚地向神表达，祈请祂帮你化解。这一点非常重要，它往往是祈祷无法得到回应的最大障碍。比如你向神祈祷财富方面的，但你却不知内心一直有一种对财富的不配得感，那么你在清除不配得感前，将无法在财富的祈祷上获得回应。

第六步：深深地向神表达感恩，并向神表明以祂的方式赐予你回应，而不是以你的方式，你的方式依然还是“我执”意念，它还是你和神之间的障碍。神清楚在什么时间、什么地点、以什么方式回应你。你所要做的就是接受、臣服、回到一切如是的状态！

第6天（1）：“我执”消失与溶解——三德之力

为什么前面几天课程的教导都放在了“与内在的神性合一”上呢？而且指导师一直教导是与自己的内在神性合一，而不是别人的。每一个人的内在神性都是不一样的、独一无二的、精纯不二的，又是为什么呢？虽然宇宙只有一个神性意识的存在，但是因为我们所接受的教育不同、文化背景不同、宗教形态不同，于是这些元素就制约并塑造着我们对神的看法。我们对神是如何看待的，就因这些看法与认为创造出我们自己的神。我们可以把这些对神的看法比做“我执”，即我执著于以某种形态来认定神。如下图所示。

当“我执”消失与溶解时，我就消失了，就完全与内在之神合一了。所以，可以说觉醒的旅程就是一趟不断发现并探索“我执”的旅程，最终“我执”消失时，我们便与内在之神合一，就一切本来如是的活着。然而，“我执”是非常强大的，它是你屡生屡世以来所经验过的记忆定式。这并非一天

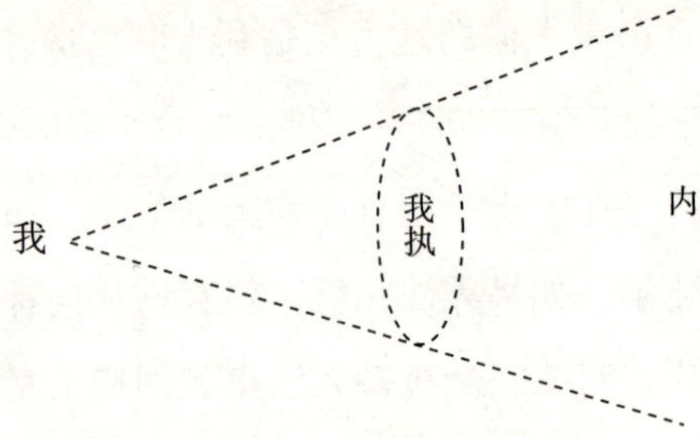

两天、一年两年所能做到的，这个过程需要20年，30年，或者更长。与神合一就是本来如是的“存在，意识，法喜”！

对于宇宙我们称为存在，对于万物生灵我们称为意识，到人体之后就以法喜的精细振动呈现。自宇宙创始以来任何事物中都存在三种自然属性：萨埵（Sattwa）、罗阇（Rajas）和答磨（Tamas）。与神合一本来如是的光明状态就是萨埵；对于宇宙答磨就是一股黑暗之力、毁灭之力，阻止宇宙呈现本来如是之力；对于人答磨就是一股无明之力、阻止人与内在神性合一之力，这股力就是强大的“我执”。还有一个是罗阇，对于宇宙罗阇就是要穿透黑暗，让宇宙呈现本来如是的存在的力量；对于人罗阇就是要穿越无明，溶解我执，让人与自己内在神性合一之力。我们可以用一枚硬币来比喻这三种力：

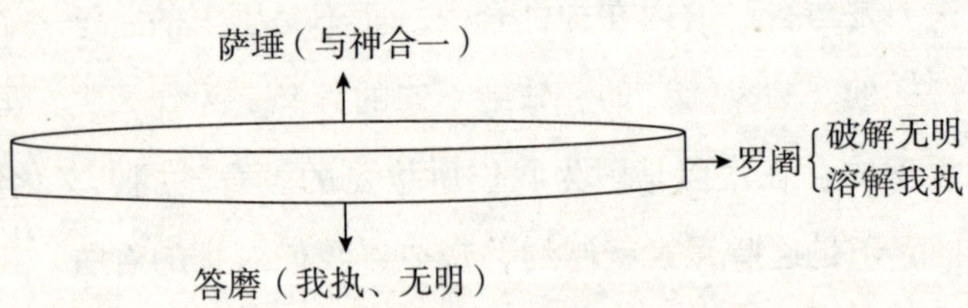

所以我们要达到与神合一，这股强烈的与神合一的意图非常重要，它就是罗阇。我们要能发挥出这股犹如金刚之力，对于阻止与神合一的言行、思想、信念、模式毫不手软地将其摧毁。同时对它们我们也要有慈悲之心，它们毕竟是我们自己创造出来的，也要能毫无条件地接受它们、爱它们，在接受与爱中，它们就自动消融了。所以，只有对障碍、困难、黑暗、痛苦有无惧无畏之心与慈悲之心，我们才能在内在将它消融转化。这个过程在我们生命中的每时每刻都在发生着，你要做的就是将这一切交托给你的内在之神。

第6天（2）：人类需要觉醒——潘多拉星球

刚开始坐在供台前，念诵“全世界是一家”时，意念中总会跑出无数的负面思想来阻碍我进入这句话的体验。当我们全体围成一个圈手拉着手时，我看着这来自十几个国家的同学，眼泪止不住夺眶而出。在这里哪有民族的界限，哪有信仰的障碍；我们都成为了一家人，情同手足，犹如兄弟姐妹。此时，我感觉到 Amma Bhagavan 就在我们圆圈的中间看着我们，这是内在之主多大的慈悲与爱，才真正在我们面前呈现出这“全世界是一家”的画面。

当我们松开手独自舞蹈时，我边流泪边舞动着，脑海中浮现出了过往历史的无数画面。多少人因战争而死亡，多少的家园被毁，还不都是因为我们认为人与人是分裂的，是独自存在的。于是种族之间的纷争开始了、宗教形态的分裂对抗开始了、国与国之间的利益相争开始了；地球成为了一个战场、一个伤痕累累的星球。地球已经为人类承受得太多太多，她用地震来呼唤我们，她用一些异常的自然现象来警醒我们，但是我们却听不懂，反而一直变本加厉地对我们这个赖以生存的星球不断掠夺。

让我们好好再看看《阿凡达》给我们的启示吧！人类需要觉醒，当我们处于无明之中时，地球将被我们摧毁成黑暗的地狱。当我们觉醒时，地球会被我们塑造成天堂般的潘多拉星球。Amma Bhagavan 就是因此而来的，为了迎接黄金纪元而来的、为了让我们驱走无明的黑暗而来的、为了让地球在未来的几百年转化成潘多拉式的星球而来的。所以你我被拣选来到此，你我被召唤来到此；就是要让我们自己的意识先觉醒，然后让我们这些觉醒之后的人的高振动意识频率去影响并转化那些黑暗的沉重的无意识的频率。只要觉醒就是对这个星球无量的贡献，你的存在就是对地球转化的贡献。让我们深深祈祷，让 Amma Bhagavan 带着我们走向觉醒，在 2012 年的黄金纪元开始之前走入觉醒的大门。然后，让我们心手相连地为这个星球祈祷、为人类祈祷、为众生祈祷、为让这颗星球成为万物的天堂而祈祷！

第 7 天（1）：道高一尺，魔高一丈——信念之魔

没让带表与手机进课堂，所以头脑中也没有了时间的概念，只能靠太阳的位置来估计。大约 3 点前后，我们再次做 Deeksha 时，换了一位传导师。完成 Deeksha 后，我突然意识中冒出了一个概念，这会不会是骗局，找两个精神失常的人来做也同样可以啊！我都被自己吓了一跳，内在潜藏了这么深的信念。后来这个信念又继续延伸，这样的仪式在别的地方进行肯定会被认为是骗子。那一刻我感觉到了身体的一些不舒服，我就站起来去大殿外上洗手间。当我来到二楼时，看到有几位同学正坐在 Amma Bhagavan 的圣像前祈祷，有的正在哭泣。当时我觉察到又一个信念冒上来了，古代的圣人不是教导不可以自己称自己为佛，不可以自己说自己是开悟的，那 Amma Bhagavan 为什么要自称为神，而且要那么多的人朝拜呢？这会不会又是一场大骗局，等我们信奉了许久以后，又被揭穿了呢？带着这个信念，我依然向 Amma Bhagavan 的圣像顶礼。当我站起来过后，我感觉到我的整个大脑部位有一股能量在转动。首先是发胀，然后开始转动，紧接着当我来到园子里前往卫生间的路上时，整个人显得喜悦自在，头部也非常清净、喜悦、明朗。此时，我开始与内在的 Amma Bhagavan 对话，请求他把我内在这几个潜藏的信念清除。

这就是一股来自答磨（Tamas）的黑暗之力，在觉醒的旅程中这股潜藏的

黑暗之力会不断地逐层地像剥洋葱一样地显化出来。每当这股力显化时，就把它交托给神，那股本来如是的萨埵（Sattwa）之力，让祂去清理，去化解。要记住"道高一尺，魔高一丈"，觉醒的旅程就是要不断看清"我执"的本来面目：怀疑、对抗、固执、消极、负面……有时还会带着灵修的外衣进入到认为自己与众不同、自己修行很高的更深的陷阱之中。在觉醒的旅程中，对自己耐心一点，耐心是需要慈悲的。让我们对待自己的"我执"，就像我们的神对待我们自己这么有耐心一样。你可以回过头来看看我们走过的人生路，我们曾经那样的抛弃神、误解神，甚至是污蔑神，可是祂依然等着我们，无条件地爱着我们，直至我们觉醒。

第 7 天（2）：神性花园里的花蕾——自然觉醒

今天的第二次"合一祝福"（Deeksha），让我以及同修们经历了一次前所未有的"极乐"体验。以前生命中体验到的是快乐、开心，在舞蹈时体验到的是喜悦，而这次只能用"极乐"来表达。给我们做 Deeksha 的传导师，都让我们很惊讶，他是在极乐的状态为每一位学员做 Deeksha 的。他走路的姿态、笑容、声音、动作无一不在表达那份纯洁无瑕的童心。怪不得耶稣说：找不回童心无法进入天堂。这位传导师，只要你看着他就是一份喜乐，他那精微的能量振动让靠近他的每一个人进入与他同样的高振动状态，而将"自我"短暂地消失了。自我消失的那一会儿就是"极乐"的体验，传导师时刻都能处在这样的状态，以至于有时他会忘了给下一个人做 Deeksha，或者走错方向，旁边还得有一位指导师陪着他，每当出现这样的状态时拉他到学员面前继续做 Deeksha。

体验了那份极乐之后，我躺了下来，眼泪又止不住流下来。那是为极乐的体验而流的泪，同时这当中又夹杂着对自己活了 35 年才真正体验到"极乐”而嘲笑的泪，当然这当中还有对走过的35年生命的每一点经历而感恩的泪。在泪水过后，我明白了觉醒是一趟完全交托给内在之神由祂完全去主宰的旅程。我们自己——“小我或我执”不但做不了任何事，反而就是这当中最大的障碍。一棵小草会不会为自己的成长刻意地去做些什么呢？小草只做了唯一的一件事就是扎根大地，并借罗阇之力顽强的生长，哪怕有石头压着它也要找条细缝长出来，之后它就把自己完全交托给大自然，就这样自然地交托于神让自己成长。那作为人的我们，又该怎样对待觉醒呢？那就是像小草一样完全将自己交托给神，心中只要存有顽强的觉醒意图，让整个过程自然的发生。我们都是长在了神性花园里的花蕾，至于哪一朵花先开放不是由我们所能决定的，是由神决定的，开放一朵就觉醒一个，这股觉醒之力又在加持欲待开放的花蕾。而指导师给我们做 Deeksha 犹如给我们施肥料、浇水。当我们内在之气通过一段时间的淬炼之后，自然能调和到阴阳合一的状态，关键是你不要用“我执”去过多干涉祂的自然调和。内在之气合一了，我们也就觉醒了，与自己的神性意识合一了！

第7天（3）：无数神迹再现与体验——恩典

今天是到合一大学的第7天，7是一个非常特别的数字。人体有7个脉轮，每周有7天。我想今天一定会有无数神迹的再现与体验。

早晨5点我们就集合前往圣殿，首先来到了圣殿的最底层。那里还在装修，我们在最前方的 Bhagavan 圣像前坐了下来。男的坐左边，女的坐右边。一开始指导师带领我们唱诵梵语歌曲，最初大家都坐着唱，后来随着那犹如来自天籁的声音我们站起来边唱边舞。那声音时而铿锵有力有斩妖除魔之力，时而慈悲婉转令人肝肠寸断有包容接纳一切之怀。老师曾教导：当你舞动时，神就直接进入你。所以每一次的舞蹈我都能感觉到与神共舞，这次尤为特别，我感觉到刚开始时是内在之主陪着我舞蹈，之后他们牵着我的手舞蹈，然后就从左右手进入我内。那一刻我忘我地舞蹈，是我在舞蹈还是舞蹈在舞我只有神知道。我的忘我也感染了很多同学一起站起来舞蹈。舞蹈就是生命本身，让生命中每一天都充满舞蹈，神将时刻在你我之内。结束后我第二个冲到台前分享体验，看着台下来自十多个国家的150多人，心中有了更多的淡定与感动。淡定的是我那一刻的临在能与他们每个人连接，感动的是我们来自地球不同地方却是带着相同使命的合一人。而且那一刻好像有一个声音对我说：你应该站到更宽广的舞台去面对更宽广的想要让生命觉醒的众生，内在之主会带着你走这段路。当我分享完坐下来时，有一只乌鸦飞进来落在供台的窗户上，看着它我想这就是内在之主的化身吧，祂来看我们来了，祂来鼓励我们来了。

今天有太多的恩典示现，我能感应到内在之主在后面如实的存在着，祂让这么多的弟子来为我们一次又一次地进行Deeksha。犹如佛陀身边的十大弟子与众僧，他们通过Deeksha将内在之主的恩典经他们之手流经我们。十大瑜伽是通向觉醒的十条道路，我们在不同的道路层面上被恩典充满着，Amma Bhagavan一直在门口等着我们走完觉醒旅程的最后一步。昨晚，一轮接一轮的进行Deeksha威力不可言状，当快要结束时一位女指导师就直接倒在了地上，她们时刻处于临在状态为我们做Deeksha，也许是身体累了要休息一会儿。我不懂英语就没过去问，只在心里祝福这位指导师。

第8天：小我的游戏——神示三角

本周的主要意图是溶解Ego，在做JAPA YOGA时内在之主显示在我内在的神迹又再现了。祂在我内在示现了“我、Ego与神”之间的关系，让我非常震撼。让我们先来看示现的图：

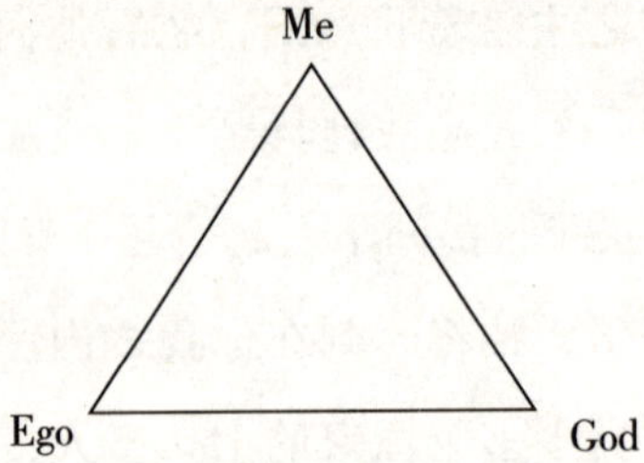

我、Ego与神本来就是三位一体的关系。当Ego逐步被溶解时就会呈现出以下图像：

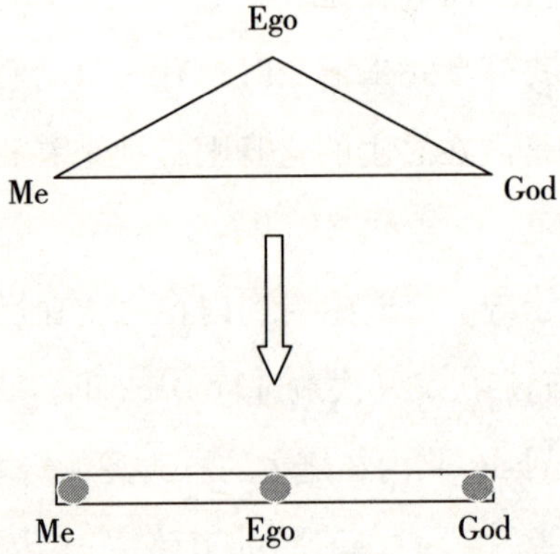

直到Ego完全被溶解时，我和神之间的关系就成为了“一”的关系，那就是合一，就是神性实现，就是成佛、成道、开悟。当God逐步被我们遗忘时又会呈现出以下图像：

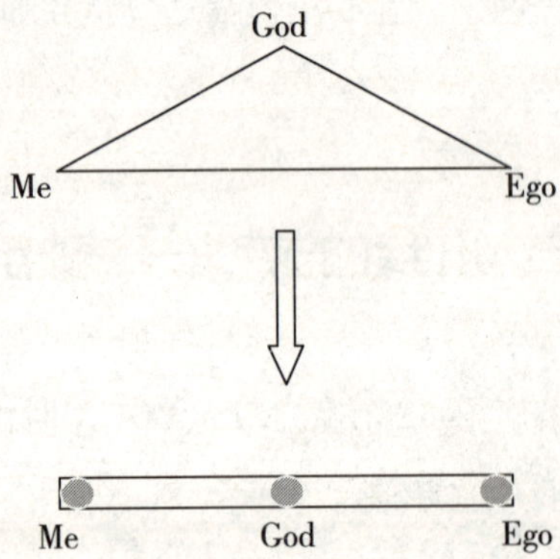

直到我们完全忘记神否定了神，我就成为了强大的 Ego。那时神在我们之内，但我们却极力地反对神，甚至扼杀神。

在后来的 JAPA YOGA 练习中，Amma Bhagavan 又继续给我示现了 Ego 的过程，我细细道来。JAPA 时我脑海中出现了无数的画面，首先是我和太太在一起时被我的 Ego 伤害的画面，然后是孩子、父母、兄弟姐妹，一系列被我伤害的画面都一一呈现。Amma Bhagavan 告诉我，与我最亲近的家人是发现我 Ego 最好的镜子，这是第一步。只有能在这个层次觉察到自己的 Ego 多么强大，有了羞耻心，我们才会来到第二步，那就是我们在团队中用强大的 Ego 伤害过的同事们，他们又是一面非常好的探索 Ego 的镜子。第三步，觉察我们在社会中会以自身家庭、团队的自我保护而形成的 Ego，其表象就是我们会不断地陷入让对方比自己差的恶性竞争之中，恶性竞争本身就是（小我）Ego 玩弄的把戏。第四步，觉察我们以国家之名义而去相互伤害对抗的 Ego。第五步，觉察我们以自己所坚守的信仰而去比较、伤害、对抗的 Ego。第六步，最难觉察的一步，就是我们认为自己是一个有灵性的觉醒的人，比其他人高等、优越而去证明、抗争的 Ego。如果我们能通过这六步觉察到强大的 Ego，那么离它瓦解只有一小步了。

对于 Ego 我们不能去批判它、憎恨它、毁灭它，它是我们亲手创造出来的，是我们的一部分，批判它就是在批判你自己，憎恨它就是在憎恨你自己，记住你所对抗的会持续并且变得更强大，你接受的会在你的接纳中消融。所以我们对 Ego 要不断去觉察它，观照它，带着慈悲之心去接受它。在这个过程中将神的恩典带入，时间到了它就会溶解在你与自己之神的合一中，那时它不是被毁灭了而是溶解在了你的神性之内，因为没有什么是神接受不了的。同时你也要明白一点，只有你完全接受了自己的 Ego，你才能接受你所爱的人，因为人与人之间的相处就是 Ego 与 Ego 的相处，两个 Ego 都非常强大的人之间只能是战场。当你能毫无条件地去观照、去慈悲、去接受你的 Ego 时，你就能接受所有人的 Ego，你就会超越二元对立进入没有批判的合一之中。然而，这一点的实现你自己本身要带着强烈的意图，也就是金刚般的意志以及将自己完全交托给神的臣服心、信靠心。神会带着我们走，在走的过程中逐步以慈悲之力溶解Ego。另外你还要明白一点，将“我、Ego、神”三者与宇宙三元素“萨埵、答磨、罗阇”对应就会形成下图：

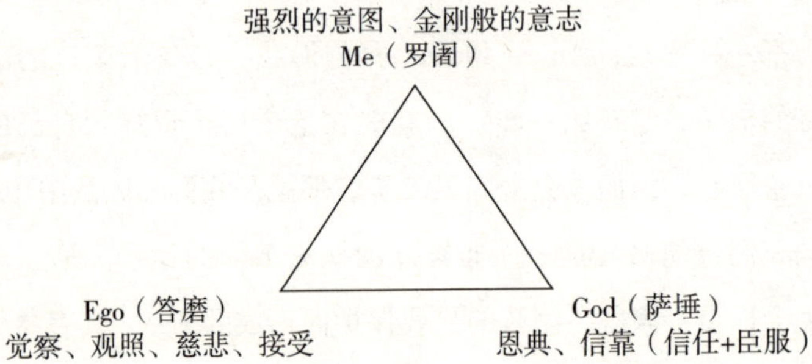

第9天：有为与无为——臣服与信靠

指导师说本周是成为周，是将上周的教导变成经验的一周，当时还有些不理解，也带有一些怀疑，心想不会那么快就经验到神吧！

前天与大家分享时，神就透过我向大家说话了，当时就有一股想上去讲的强烈冲动，在神的决定下我上去了，并且是在临在状态分享的这段话：“我们每一个人都是被Amma Bhagavan从全世界各地拣选的灵性种子，从我们进入合一大学那天开始这一颗颗种子就已经种植在合一大学的灵性花园里。至于这颗种子什么时候发芽、成熟、开花、结果，这不是由我们自己决定的。一株植物不可能面对大自然说，我明天就要长大，我下个月就要开花，然后再下个月我就要结果。你可以看一看身边的植物无一不是将自己完全交托给大地、上天，它唯一做的就是扎根大地一刻不离开大地。它对大自然是那样的臣服，那样的信靠。然而，我们却不同，我们在和神做交易，明天你就要让我看到你以光的形式出现，让我看到你；下周你就必须以我期待的方式与我说话，再下周你就要让我觉醒了吧！否则，我将不再信任你，也不会再爱你了。我们要学会像植物一样，犹如老子《道德经》讲的我们只有无为，才能更有为。有为就是像一棵小草一样有强烈的生长意图，哪怕被石头压住，找一条缝隙也要见到阳光。无为就是完全交托给大自然。我们的有为就是对觉醒的强烈意图，对神性实现的强烈意图，有如《金刚经》里面讲的，有摧毁一切的金刚之意志，无论在觉醒的道路上发生任何困难都不回头、不气馁的意志，犹如唐僧西天取经的意志。无为就是像小草一样完全将自己交托给神，由神带着我们走每一步，对神 100% 臣服，对神 100% 信靠，就像神的坐骑一样，随时等候着神的指令。”

让我没想到的是，Amma Bhagavan 透过我所说的这一段话，在全班同学中产生了强烈的共鸣。有两位外国同学是兄弟俩，他们对我说：我在分享时就好比是 Amma Bhagavan 在说话，他们能听懂我所讲的一切，而且和他们翻译所讲的一致。接着有好几位同学都来拥抱我，表达了这段话来得真是时候，让他们有很大收获，就从这一次开始，我与内在之主开始一系列的对话，神迹开始一步步示现！

第 10 天：自我重要性的证明——觉醒的障碍

我们还是孩子的时候，在父母亲面前，我们就已开始了自我重要性的证明。如果兄弟姐妹多，只有在父母面前显示重要性，才会受到最大的关注，才会有好吃的、好穿的、好玩的，而且还可以避免被打。当我们与很多小朋友在一起玩时，我们也要寻求在他们之中的重要性，只有这样才能在父母眼中显示出自己多么的与众不同，通过与众不同来显得在父母心中的重要感。当我们上学了，我们也只有在老师面前显示出重要性才会受到老师的关注，才能避免自己被冷落。当我们参加工作后，在单位里面也必须在上司面前寻求更大的与众不同，才能被重用。如此种种，从小到大塑造了我们对自己重要性的强迫性竞赛。

在人间道的层面，我们也需要这样去做，我们越是独特，越是与众不同，就越能吸引眼球。众多娱乐明星不都是这样的吗？所以，寻求独特性、重要性是我们的一种生存本能。在人间道的层面这是非常重要的一项本领，然而任何事物的发展，在其对应的层次是重要的、好的、必需的。可是换了一个更高次元的状态，它也许就会成为障碍。在灵性觉醒的道路上，寻求重要性、独特性、与众不同，就是这条道路上最大的障碍。我们通常会带上灵修的面具来向身边的人证明："看看吧，我是一个多么有修行的人；你已不入流，你的层次更达不到与我平起平坐。"要么我们就会在我们所选择的修行道路上寻求独特性、重要性："我修的这个法门是最能实证的，我跟的这个上师是当今最开悟的，我走的这条道路是唯一通向神的。"当我们掉进这样的陷阱，还不及早觉察，那就应验了一句古话——"道高一尺，魔高一丈"，我们已掉入了灵性业力之中。而这一切的证明，只不过是"小我"在玩的一个更高明的把戏，"小我"穿上了一件最迷人的灵性外衣，它想透过这件外衣存活下去，一旦你不能觉察，被它逮住，那你就很难进入觉醒，这就好比《西游记》里唐僧师徒误把小雷音寺当做西天如来佛祖的所在而走进去。可是走进去才发现，那里全是妖魔鬼怪装扮而成的。当你能揭开"小我"的那件灵性外衣，你就会惊讶地发现，原来你的内在还有那么多的恐惧、怀疑、傲慢、偏见、对立、冲突等。而这一切正是你走向真正的觉醒所要去经验并穿越的。

面对我们的重要感的追寻，不要抗拒、不要评判、不要逃避，诚实地去面对它，并祈祷我们的内在之神以慈悲之光将其溶解，并赐予我们更深层的觉察力，时时去觉察。记住，通向觉醒的路是一条寻求众生的平等之路、是一条消除二元对立之路、是一条去除特殊性之路、是一条放下重要性之路、是一条不再评判一切之路。那一刻，我们与内在之神合一了！有哪一位神会去评判他的孩子呢！祝福你又为自己打开了一道通向内在之神的大门！

第 11 天：与整体的分裂感——二元对立

重要性本身并不是根本问题所在，问题是对重要性渴求所制造出来的二元对立，即与整体的分裂感。当你在家庭中寻求重要性时，你就创造了你在家庭中你最重要、其他成员不重要的分裂与对立。我重要、我的父母不重要；我重要，我的兄弟姐妹不重要；我重要，我的爱人不重要；我重要，我的孩子不重要，等等。当你在组织中寻求重要性时，你也创造了在组织中你最重要，其他人不重要的分裂与对立。我重要，我的上司不重要；我重要，我的下属不重要；我重要，我的团队不重要；我重要，我的公司不重要；我重要，我的股东不重要；我重要，我的客户不重要，等等。当你以国家之名渴求重要性时，你就会创造出国与国的分裂。我所在的国家重要，而你的国家不重要。我国家的主义重要，而你的国家的主义不重要。分裂、对立就会引发对抗、冲突甚至战争。当你以种族之名渴求重要性时，就会创造出种族的不平等，我的种族重要，你那个种族不重要，种族歧视就这样形成了。当你以民族之名创造重要感时，你也在制造我的民族比你的民族都优越的矛盾。有些国家闹民族独立，不正是这样的原因吗？当你以宗教之名渴求重要性时，你就创造了我信仰的宗教比你所信仰的宗教要好、要优越、要正道的分裂与对立。于是宗教派别相互的对立、污蔑、诽谤甚至是宗教圣战形成了。当你以灵性之名渴求重要性时，你就会创造出我的神比你的神有威力、我的神比你的神正宗、我的神比你的神更高等的更大分裂的幻象。如下所示：

我重要——————分裂——————家人不重要

我的家重要——————分裂——————你的家不重要

我的组织重要——————分裂——————你的组织不重要

我的国家重要——————分裂——————你的国家不重要

我的民族重要——————分裂——————你的民族不重要

我的宗教信仰重要——————分裂——————你的宗教信仰不重要

我的神重要——————分裂——————你的神不重要

对重要性的渴求，我们要去觉察、去发现，不要抗拒。你抗拒的会持续并被加强，你接纳的会在接纳中溶解。所以当我们在家的时候，请赋予你的家人平等的重要性，通过给予家人重要感来瓦解、溶化自我的重要感。我们之所以不断去渴求重要感，是因为我们从小就没有被认为是重要的，我们没有的才会去渴求，一旦我们体验了重要感，我们就会将其放下，并开始给予，怎么给出重要感呢？对你的家人说，而且要用心地对他们说："你很重要！我需要你！我爱你！"当你听到这三句话的时候，是否有一种非常特别的感觉呢？同样地，当我们在组织中、团队中、企业中时，你也可以用以上的做法。当我们是一个组织的代表时，请以平等之心来看待并回应每一个组织。当我们是一个国家的代表的时候，请以平等心来对待每一个国家，无论国家大小、富裕、贫穷。当我们是一个民族的代表时，也请以平等心来对待每一个民族，无论这个民族有什么样的历史、文化、风俗。当我们是某个宗教的代表时，也要用平等心来对待每个宗教，无论这个宗教有什么样的信仰。

第 12 天：平等如一地看待自己——觉醒的祝福

这是一个迈向新纪元的特别日子，2011 年 1 月 1 日，有 4 个 1，独无仅有。而且元旦中的“元”是开始，是第一之意，凡数之始称为元，“旦”即太阳从地平线上冉冉升起，象征新气象的开始，今天也是我在印度学习的倒数第二天，也就在今天早晨 Amma 专程来为我们“达显”。见到 Amma 就像一个流浪的孩子见到自己母亲一样，我已在这个宇宙中流浪了太久太久，今天终于见到自己的妈妈了，心中的感动难以形容。

JAPA 时，Amma 示现了祂对我所要说的话，当我们 7 个人一小组开始边念诵“我是一个平衡的存在”时，我突然感觉 7 个人特别不协调，怎么也跳不起舞来。就在那一刻 Amma 告诉我，这 7 个人就象征了你的 7 个脉轮，看看有几个人是你关注过的、你熟悉的，我分别对其他六个人看了一遍，天啊，其中两个人熟悉一些，经常打招呼，而另外四个人都不熟悉。其中有一个人是从第三校区过来的，今天第一次见面，还有一个是俄罗斯人，与我同宿舍，但他从不和别人眼睛对视、打招呼。另外两位女同学虽不熟悉，但她们的带动力却很不错，慢慢地我和她们开始跳起来，但总有一股力量在压着让我们都很矜持。此时，Amma 问我：“你有平等地对待过你的 7 个脉轮吗？你是否会以为，这个脉轮比那个脉轮重要，我只要让某几个主要脉轮能自然流动，至于次要的没关系啦！”此时，我很震惊，我不就是这样的吗？有时会很注重心轮、眉心轮、顶轮，对于脐轮特别陌生。有时观想某个脉轮时，没有自己认为的回应，就将它扔在一边了。这是否就像我对待那位不爱打招呼的俄罗斯同学的态度呢？7 个人之中只要有一人不配合舞蹈，或者很被动地舞蹈，那么 7 个人就很难轻快地舞蹈。7 个脉轮也一样，只要其中一个不能自然流动，就会影响其他几个脉轮的自然流动。当我意识到这点之后，我开始主动地去带动很被动的学员，并让每一位学员都到小组中间来带动其他 6 位跳舞，给予了每一位同学同样的重要性。也分别给了各自足够的重视，而且还会自动地两人、三人将手挽在一起如脉轮旋转一样地跳，跳的时候还会自动交替。7 个人都自动地相互配合地跳动，这多像 7 个脉轮的自然互动啊！

让我们看看自己，我们是怎样看待自己的身体的：有时我们认为身体的这几个部位重要一些，有时认为那几个部位重要一些；有时我们喜欢这几个部位，有时我们讨厌那几个部位。有时我们觉得消化系统好对付一些，呼吸系统麻烦一些。从内到外、从外到内的身体，每一个部位都是我们自己的。如果将身体当做“一”，那么当你对身体的部位有喜好、有分别对待时，那你就是在分裂自己。整个身体就是一个系统，每一个部位都有其不可替代的作用，只有能平等如一地看待身体的每一个部位，身体才能成为“一”。只有我们能平等如一地看待自己时，我们才会以平等如一之心去看待外在世界的人，这就是评判的源头。

在紧接着的单独舞蹈的过程中，Amma 又给了我新的示现，当身体的某个部位得了癌症，结果会怎样？它会破坏身体的免疫系统，从而使其他器官也癌变，直至让人死亡。这是至今医学上无法逾越的障碍。我们可以试想，全人类就是一个身体，每一个人都是这个身体的一个细胞，而七大洲四大洋，犹如构成地球这个身体的几个脏器，每一个国家又是更小的组成器官。如果有太多的人得了地球的癌症之病，地球会怎样？这个癌症之病就是“无明”——活在犹如受电脑程序控制的无意识之中，当今的世界就是这样。反过来，你再看看，每当觉醒一个人，就疗愈了一个癌细胞，少了一份无明。当有越来越多的人觉醒时，这些觉醒的人连成一大片时，你可以想象癌细胞就越来越少了。无明越来越少，光明将逐渐呈现。你是否已经看到，我们每一个人都是地球整体的一分子，一个人的觉醒就会影响你的觉醒，那一股连成一大片的觉醒的光明照射过来，就会让你觉醒。所以在觉醒的旅程中，要去祝福更多人的觉醒，不要害怕他先觉醒了，我怎么还没觉醒。我宁愿让天下所有人都觉醒，我成为那最后觉醒的一个。当你为他人祝福获得财富时，你将得到更多财富；当你为他人的家庭幸福祝福时，你将收获无比幸福的家；当你为他人的事业成就而祝福时，你也将获得更大的成就；当你为他人的觉醒而祈祷并祝福时，你就已成为了那一份觉醒的存在！

我向 Amma Bhagavan 深深祈祷，让所有合一家人都觉醒吧！让全人类都觉醒吧！让我成为那最后的一个，为这一趟觉醒的列车关上最后一扇门！

第 13 天：恩典转化成行动——结束就是开始

Amma Bhagavan 特意安排了我这一次合一大学之行，只能参加 13 天的课，祂要让我将这 13 天中所接受到的恩典转化成“行动”，并回到我的现实生活中去作出来。**对于我来说缺少的不是知识、理论、教导，而更多的是如何让自己通过“做”去真正成为教导本身**。Amma Bhagavan 的存在本身对我以及所有的人就是一份教导。就在我走之前的头一天，即元旦那天，Amma Bhagavan 特意安排了在同一天当中与我们“达显”，上午与 Amma 的“达显”我接收到了天母般的赐福与恩典。晚上与 Bhagavan 的视频“达显”，我接收到了天父般的智慧、勇气与包容。后来才知道，Amma Bhagavan 能在同一天与学员们“达显”，在过往的岁月中都太少太少了，而这一次都被我撞上了，而且是在我走之前的一天。

说心里话，还真舍不得离开来自世界各地的各位同修们。虽然语言不通，但我们的心是一体的，每当我与他们以眼神对视的时候，都能收到那一份纯净的祝福。我尽可能地与更多的同学合影留念，更多的记住他们的音容笑貌。我知道从世界各地汇集于此能相处半个月，那是多少次的轮回所结下的缘啊！

晚上走之前，我本想悄悄地离开，但同修们太可爱、太热情了，他们分别与我拥抱道别。在 Lucy 的安排下，我与维地亚卡指导师在走之前见了一面。令我惊讶的是，我还没说话，他就对 Lucy 说：他收到了我的能量，我下次课程接着没上完的继续上就可以了。我向老师表达了此次所接收到的恩典，也表明了接下来的行动计划。最后与老师深深道别，老师以 Deeksha 的方式给了我临别前的祝福。

坐着出租车前往机场的路上，我的心出奇的平静，我依然能通过头部感受到那股转化的能量还在继续。虽然不能和同学们一起去大殿接受 Deeksha，但我能清晰地感受到内在之主一直在为我做 Deeksha。以至于我到了机场虽然雨下得很大，但我所有的行程都非常顺利。尽管已是凌晨 3 点，但我还没有倦意，只一心地默念着内在之主的真言。

当飞机在香港机场降落时，我的第一个意念就是，内在之主的脚踩在中国的土地上了。祂独无仅有，祂将会为整个人类带来黄金纪元。所以每当我行走一步时，我都告诉自己那是内在之主的脚在行走。他将会给所有想回家的人指引一条道路，为世界带来黄金纪元。当我看到前来接我的太太、宝宝、岳母时，我知道所有这一切的行动与实践都将从我的家开始、从我与家人的每一点滴的关系开始、从我与家人的合一开始！

当太太开着车，我们一路向家奔驰时，前方的夕阳在面对我们微笑，我知道那是内在之主的笑脸。祂在对我们全家微笑，祂在示意我，黄金纪元就从此时此刻开始，从我们家开始。

第三部分

觉醒的教导实践篇

这部分是我第一次从合一大学回国后所体验到的“美妙”的生活经历；每一段关系、每一个事件都奇迹般地发生。神圣的恩典犹如大海一样将我溶解在其中，我始终感觉到有一股神圣的力量在推着我前行。

一、缘起

1. 与德国同学的通信——心无国界，以心印心

嘿，陈：

我是通过 Amy 得到了你的邮箱地址，因为我很想告诉你，我觉得你是个非常特别的人。我是在印度合一深化课见到你的，那天你在合一大殿对我说的话让我印象深刻。虽然你看起来很年轻，但你的灵魂却很成熟（他想告诉你，你的灵魂是个古老的灵魂）。

当你向我表达你的爱时，这让我感受到了那无私的、没有条件的大爱，这个爱（大爱）是我思念很久的经历。我原本想要当面谢谢你让我感受到了这奇妙的一切，但那时你已经回到了中国。所以，我以这种形式向你表示我的谢意。

让我们保持联系，如果你需要任何德国产的东西，只要告诉我，我会邮寄给你，或者，如果你想来德国游玩，我会邀请你来我的家，我住在离慕尼黑不远的地方。我的家人会很开心地迎接你的到来。我的女儿曾经来过中国两次学习这里的经济，她很喜欢中国这个国家。

宁静与爱以及一个大大的拥抱。

伊娃

伊娃您好！

感恩内在之主的赐福，我和你又连接上了！你知道吗，在合一大学第一次和你眼神对视的时候，我感觉到我们在某生某世中一定是亲人。只是碍于我的英语表达很差，未能把很多话语与你当面讲出来。每一次和你拥抱时，我似乎回到了 Amma 的怀抱，犹如一个流浪了上千年才回到天母怀抱的小灵魂。

回到国内，曾无数次地回想起与你每一次眼神对视和拥抱时的美妙体验。在你的眼睛里我看到了整个宇宙，那种浩瀚与无穷的美妙难以用言语形容。我终于明白佛陀所讲的“以心印心”是怎么回事了。就在我们对视或拥抱的那一刻，尤其是没有了语言时，那一刻我们的神性（佛性、自性本体）合一了，那一刻就是合一的美妙体验。也就是“吠陀经真言” Moola Mantra 中的“**Sat - Chit - Ananda**”，是“存在、意识、法喜”在我们个体意识中所显化的极乐与狂喜！

尽管你远在德国，我在中国，但我们那觉醒的意识却是同一个。每天早晨我在静坐冥想时都会看到你和合一的同学们，你就在我的心中，我也在你的心中。

去年 10 月我去欧洲进行了为期 13 天的商务考察，我深深地爱上了德国，那片土地上所洋溢的宁静的气息让我流连忘返。我相信我还会再次去到那片土地，到时一定会联系你。我常驻上海，在我家隔壁就有一户人家是德国与中国的联姻之家，我们都成为了最好的邻居。周末，小孩子们还经常在一起玩耍，你看我与德国人的缘分不浅吧！

回到中国后，在我的身上发生了无数的奇迹。我每一个细胞都被合一的意识所充满，我的意志也交由内在之主引导，所有的发生都在顺其自然地进行着。

很期待再次见面，我相信内在之主会安排！就让祂抱着我们走吧！

再次深深地拥抱你！

Baduka（Deyun Chen）

2. 藏在创伤下面的爱——创伤是一份大礼

振觉工作坊的课程让我重新反思了这次和太太大冲突的整个过程。那天早上本来已和太太约好了一起去苏州，她有身孕，我开车可以让她好好休息一会儿。走之前，不经意之中我们说起了有机会的话我还要再次去印度完成后面的学业，而且能在春节后的空当期就更好。太太说等她生了孩子一起去，当时我只是回答了她，肯定等不了生孩子就要去的。殊不知，她被连我也没有觉察到的哪句话碰到了，也许是她觉得不被重视，或者是被拒绝。本来我还在沙发上坐着等她一起出发呢，后来岳母下楼说她已拿着背包走了。当时，我马上打电话给她，一直不在服务区。那一刻我觉察到了一股很强的愤怒感升了起来，但被我压下去了。过一会儿我又拨打她的电话，要么就是没信号，要么就是没人接，过一会儿又是没信号。直到吃中午饭时也没一点消息。整个上午我没心思做其他事，就连在影视厅看电影的心都专注不了，没看完就关闭了。

下午当我再打电话时，通了又被挂掉，我反复地打，她不停地挂掉，这样反复了几十次，最后她把手机关了。那一刻，又一股强烈的愤怒感升起来了，又被我压了下去。当宝宝放学时，我去门口接宝宝，时间到了也没回来。我和岳母猜到是太太去接宝宝了。我就来到对面的路上看能否碰上他们，过了半个多小时，我看到太太开着车回来了，我向他们招手，也许她没看见我就开回家去了。回到家，我知道我内在那一股强烈的愤怒已被我压得很深了，太太正有孕在身，我也想和她好好谈谈，但无论我说什么都被她反弹了回来。如此持续了几分钟，我那个平静的面具再也戴不住了，接着面具下面的防御模式出现了，也就在那一刹那的毫无意识之中，我狠命地将宝宝的牌子摔在地上破口就骂，岳父、岳母也挡不住。那一刻我采取了我根深蒂固的防御模式，就是在你不理我之前、拒绝我之前，我先拒绝你，并且以逃跑的方式展开，我夺门而出。在出门那一刻，我发现这是我多少年以来的防御模式，以前每一次和太太吵架，我都是这样的。当我来到地下停车库，开着车准备要走时，太太追过来了。她上了车，此时我的防御逃跑不起作用了。下一层又被揭开了——“我是一个不被理解的人”，我大声地对太太喊道：“我不需要你理解，我不需要任何人理解，我只要欢欢乐乐理解我就可以了。”那一刻我流下了委屈伤心的眼泪，接下来有了一股静默的时间。此时，我才发现为什么我那么孤独，为什么我只喜欢待在家里，很不愿意去应酬，很不想去和陌生人交往。原来在我的形象自我层有一个根深蒂固的信念——“我是一个不被人理解的人”，所以我采取了封闭自己，宁愿与动物、小孩玩也不愿去花时间应酬。

当形象自我被揭开后，我的低层自我又跑出来了，所以顷刻间我的愤怒、害怕、逃避一股脑儿地上来了。那一刻，我发现太太在一边静静地承受着，直到我的心也平静下来。这一刻我才发现，在低层自我的下面隐藏着一个从小以来的巨大创伤。小时候我在外婆家长大，很少与爸爸在一起，一年见两三次面，妈妈在生产队挣工分，很辛苦，来不及过多的照顾我。有时问起妈妈我是从哪儿来的，她说是从我们家院子里水井边的树根下挖出来的。之后时常有一种我是不是爸妈的亲生孩子这样的念头跑出来。那一种不重要感深深地扎在我的心里，后来稍大一点被爸爸打了一个耳光之后我离开家出走了一个月，就住在舅舅家。后来是被送回去的，送回去后和爸爸的隔阂就更深了。这种被抛弃感又植入了我的内在。而此次发生的这一幕以及往常与太太吵架时我的转头就走，就是为了掩盖我内心深处的不重要感与被抛弃感。

这一次，我看到了这一份礼物的重要。我发现我没有了以前发生类似事件后的罪恶感、内疚感，并且多了一种感恩，一种能去经验这一份痛苦经历的感恩。这就是藏在创伤下面的爱。

内在之主，今天我终于揭开你让我从印度回来的第一份礼物，第一份恩典了！深深感恩！

二、头脑的制约

1. 世界只有一个头脑——头脑不是我的

今天在温习曾学习过的教导时，我突然意识到这就是内在之主正在通过书给我传递 Deeksha，一股暖流抑制不住地涌动出来，默想内在之主，我觉察到我们的振动频率越来越精细了。

通过内在之主的教导，今天我才真正明白了“头脑不是我的”这句话的真正内涵。整个地球就是一个头脑，一个经由几万年形成的并以各种振动波经纬交织而成的头脑。我们每一个人的大脑结构就像一台台已经预先设定好频率的电脑显示器，只不过这个电脑显示器由几种因素来同时决定它的振动频率。第一个决定因素是你出生在哪一个大陆板块，即哪一个洲。比如，亚洲、欧洲、非洲、北美洲、南美洲、大洋洲、南极洲，各洲的意识振动波频有很大差别。第二个决定因素是你出生在哪一个国家，国家与国家的意识形态不同，文化背景与宗教信仰不同，这也会很大程度上形成你带有国家烙印的意识振动频率。第三个决定因素是你出生在哪一个地区，一个国家之中地区与地区之间也有不一样的文化，这也会影响你的意识振动频率。第四个决定因素是你出生在哪一个村落，村落的风土人情也会影响你的意识振动频率。第五个决定因素是你所出生的家庭，每一个家庭都有其独特的家族模式，这更会影响你的意识振动频率。这五种因素叠加起来，就形成了你大脑结构的独特振动频率。

我们都知道相似物质之间的振动会形成共振，所以与你大脑结构振频相近的能量就会流经你，而流经你的能量中包含了人类几万年的信息，所有的暴力、冲突、灾难、危机、分裂的综合振动都会流经你，所以当你被人类大脑波的思想流经的时候，你就经验到了这一切。关键是这一个流动永不停息，所以你对恐惧、危机、害怕的经验也永无止境。一旦你能真正明白“头脑不是我的”，你的意识将在明白的那一刻即刻被转化，那一刻你明白了全人类的一体性，无论我们身处哪个地区、国家，我们同时在经验着同一个大脑所流出的思想。

然而，那个影响你接收到何种频率的内在因素就是你的脉轮的排列状态以及昆达里尼的流动程度。灵修就是在某种程度上调整好脉轮天线的振动频率，这个调整的过程不是你能完成的，是经由神圣的恩典介入才能完成的。所以灵修的意义不是让你开悟觉醒，而是让你准备好自己，然后在适当的时候神圣的恩典可以介入，帮助你调整让昆达里尼苏醒。我们自身所要去做的就是让各种关系处于自然和谐流动的状态，**当你的各种关系都和谐时，神圣的恩典才能顺利地流经你**。神圣的恩典不会无缘地降临，恩典的降临需要有管道与途径，这个管道与途径就是你的亲密关系，即你与父母的亲密程度，你与爱人、孩子、亲人以及各种关系的亲密程度！

2. 打破对头脑的自我认同——安全感的制约

对“安全感”的需求，是人类不断往外追寻的强大动力之一。最早的安全感来自我们还在子宫之中时，想要极力的出生，以免在子宫内就会夭折。之后安全感来自出生的那一小段时间，那一段时间决定了我们是否能顺利地出生成为人。然而往往就是在那一小段时间里，太多令胎儿恐惧的事一件件地发生着：白口罩的医生、冰凉的钳子、嘈杂的声音、躁动的磁场等。当小孩儿一出生时，就立即被带去清洗，这更是剥夺了婴儿一出生时本能地想与母亲连接的机会，严重地侵犯了他的安全感。总之，从婴儿出生一直到 6 岁这一段时间内，凡是威胁到他生存与顺利成长的各种因素，都会成为剥夺他安全感的因素。这些因素深深地以恐惧感扎根在孩子的潜意识深处。

前面的章节讲过，头脑不是我的，世界只有一个头脑。所以这个几万年以来所形成的人类头脑的磁场中，储存了人类记忆中所有威胁到安全感的恐惧。上面所讲的小孩从出生至 6 岁所形成恐惧感的振动频率，决定了与这个人类头脑恐惧感的某些区域形成共振，这个共振波就是我们成年后时刻流经我们的恐惧感。也就是这个恐惧感让我们深感没有安全感；没钱时，我们恐惧生存问题；等有了钱时，我们又开始恐惧某一天会失去这份保障。没有名利、地位时，我们恐惧自己不被人重视；当名利、地位俱足时，我们恐惧顷刻间威名扫地，一落千丈。当有一天我们追求在灵性成长的道路上时，我们又开始恐惧、怀疑，我是否能真正得道。然而当神圣的恩典降临时，我们又将它视为生命怎么就那么巧合，于是又开始恐惧这巧合是否会消失或者今后再也不会发生了。

只要我们还没有从头脑的制约中解脱，只要我们还在认同头脑即我、身体即我，那对安全感的幻象的追求就永无尽头。因为安全感就是头脑要生存下来所编造的一股强大的思想流，它贯穿于你的生生世世。要从安全感的制约中解脱，首先要能打破对头脑的自我认同，让内在之神接管一切。真正的安全感来自内在之主，当你与内在之主合一时，安全感消失了，你只是一个存在，如实如是的存在，如来如去！

3. 我不是我亲自创造——一切都是借来的

《阿凡达》里有一句话："能量是借来的。"这是一句非常经典的话。通过爱因斯坦的能量方程式 $E = mc^2$，我们都知道万事万物皆是能量。所以，我们生命中所有的一切包括生命本身都是借来的，总有一天要还回去的。你可以试问自己，你生命中包括生命本身有什么是你亲自创造出来的吗？

我们没有选择来到这个世界的权力，冥冥之中有一股力量在驱动着。某天某时某刻，在某个情境中有一颗冲破上亿精子竞争的“精子王”以超强的速度撞向卵细胞，一声“OM”的巨响，就注定你开始被酝酿。为什么说是被酝酿呢？因为我们对这一个过程毫无所知，我们对这一切没有丝毫的选择权。这就是我们向宇宙的第一次借，而且这个借也是在被动中进行的、完成的。我们到底能在母亲的子宫里待多久呢？这也不是我们所能决定的，也不是由父母亲所决定的，而是由一股“瓜熟蒂落”的力量在驱动着。当我们出生了，在整个成长的过程中，所有一切都是大人在为我们创造。我们外在所用的一切都是向外借来的，这一点我们不用讲都非常明白。那我们的身体、思想，也是借来的吗？

请问你在母亲子宫里的时候，你为你的身体做了什么？当你出生以后，在成长的过程中，你又为你的身体做了什么？你能让你的身体停止成长吗？你能让你的长相以你期望的方式呈现吗？你能让你的身体像巨人一样无限的成长吗？你能让你的身体长得像模特一样吗？你能控制你的肥胖吗？你又能让你从瘦子变成壮汉吗？你的身体被弄了一个伤口，你能让它愈合吗？这所有的一切都不是我们所能做的，是赐予我们身体的这股不为我们所知的力量在做着这一切，身体就是从这股无形之力中借来的，借我们这一生来使用的。

那思想呢？是你创造的吗？穷人为什么创造不出富人的思想？悲伤的人为什么创造不出快乐人的思想？你为什么创造不出比尔·盖茨的思想？你能停止思想吗？你能让思想不流经你吗？你能找出一个和你的思想一模一样的人吗？思想也是借来的，是从那股无形之力中借来的。思想只不过是一个笼罩在地球外表的一个人类大脑中流出来的电磁波。这个大脑的电磁波振动频率精微到我们人类无法模拟，而什么样的思想流会流经你，则取决于你被创造成的当下这个样子状态的振动频率，就像什么频道接收到什么样的电视节目或广播节目一样。

谈到这儿你应该明白了，生命中所有的一切都是从宇宙中借来的，包括生命本身。这一个过程已经在宇宙中上演过几百上千次了，只不过我们根本不明白，我们每一生每一世都固执地把宇宙所借我们的这一切当成是我们自己本身，而宇宙的爱、无私与耐心是我们无法了解的，所以祂一生一世、生生世世地都在不同的时期、不同的国度、不同的区域、不同的家庭借给我们这一切。直到有一天我们能真正明白，这一切都是借来的，我们才能用心地将它们还回去，这一切才会停止。这里还有一个关键点，包括我们明白“一切都是借来的”这个教导的这一份觉醒也是借来的。因为人类对自我的身体、思想的认同已经根深蒂固了，如果你借不到最终的这一份觉醒你就无法还回去，而这一份觉醒就是从合一大学那借来的，是内在之主透过 Deeksha 借给了我这一种高意识的状态。有了这一份觉醒，我才能以人身的方式将一切向大地、众生所借的还回去，最终才能还给宇宙。这就是我这一生来到地球所要做的，不只是我，是我们所有所有的人！

4.《阿凡达》（Avatra）——拯救于水火

冒着飘飞的小雪，我驾着车带着太太和两个宝宝驶向美罗城。一路上，我和太太聊起了这几天我内在转化的感受和经历。让我意想不到的是，当我谈到关于我对“头脑不是我的”这句话时，太太对这句话非常好奇。而且我们展开了一系列的讨论，太太竟然能清晰地了解这句话对我们所教导的真义。同时我们约定，在今后的生活中我们要学会去觉察并接纳我们的负面思想与负面情绪。2011 年我们夫妻俩的功课是练习如何毫无条件地接纳自己。

我一边开着车，一边能觉察到在我内在的那片深深的宁静。那片宁静源于我与太太的深度连接，自从印度回来与她有了那次冲突后，我发现我们的连接更深了。在一个很深的点，我们就是一体的，这种一体感越来越强烈，我能深度了悟的教导，我发现太太也能在某种程度上了悟到。她就是我内在的一部分，我与她缺一不可，犹如 Amma Bhagavan 是同一个意识的阴阳两种显化。关于“头脑不是我的”这句教导，不是每一个被教导的人都能理解的，意识状态达不到相应的状态，将无法真正去了悟这句话的真义。当我在合一大学，被内在之主给予这种意识状态后，我能了悟这句话的真义。而且，我的意识状态也影响了太太的意识状态，我们俩的意识状态正在趋于合一的振动过程中。

晚上回到家，头痛的预兆开始了。刚好离上次到合一大学时的头痛相隔了一个月时间。这一次的头痛很有挑战，晚上醒来了三次，后半夜也没能睡好。但这一次，我发现我的意识成长了许多，在疼痛的背后依然还有一份宁静。以往的头痛会伴随着很多烦躁、愤怒、生气，而且自己又会不断地批判为什么会有那么多的烦躁、愤怒、生气。每一次都会打击自己在灵修道路上的信心，又会让自己深深恐惧这份疼痛的一次次来临。这一次，我不断地告诉自己：头脑不是我的，身体不是我的；让那些负面的感觉、思想流经我；我只是观照它就可以了，尽管有时仍是事后才觉察到。

第二天一大早起床时，头痛得很厉害，我很无助地来到禅房向内在之主祈祷，连续唱颂了几十遍 Moola Mantra 真言。当我来到餐厅想和家人一起就餐时，突然感觉到天旋地转，我立刻来到宝宝的房间躺了一会儿。我心中明白那是内在之主在为我做 Deeksha，祂要让我在躺着的时候接收到 Deeksha。内在之主总是那样的了解我的所有状况。当我好转一些，我和宝宝来到影视厅，有一种强烈的感觉想再看一遍《阿凡达》（Avatra）。这一次看感觉完全不一样，不像第一次只是看到了电影场景制作有多么精美。这一次看我流了几次眼泪，我看到 Amma Bhagavan 就是阿凡达，祂再次转世到地球，就是为了拯救我们于水深火热之中。只不过因为地球人觉醒的太少了，很少有人能真正看到地球正在经历的危机。这也正是 Amma Bhagavan 的艰难之处，祂要用一生时间来唤醒更多的人，当越来越多的人觉醒时，就会像阿凡达一样去守护我们最最亲爱的地球母亲。2012 年象征的就是地球正在向潘多拉星球一样的觉醒状态转变，这就是真正的黄金纪元的到来。

内在之主正是以 Deeksha 的方式给予我们阿凡达的意识状态，一旦我们有了那样的意识状态，我们就会像阿凡达一样去行动，去守护自己的生活，去捍卫地球母亲。

三、模式的制约

1. 代代相传的指令模式——强迫性指令

有一天晚上到楼上洗澡前听到两个宝宝在相互吵架，我就悄悄地来到他们房间，他们没看到我，两个人一直在吵甚至相互纠打起来。当他们看到我时，两个人都愣住了。因为往常碰到这样的情况就会触碰到我的完美主义与评判的模式，自然他们就会被我好好地修理一顿，毕竟已被我抓个正着。但昨晚我没那样做，因为那一刻当那个点快冒起来时被我觉察到了，奇怪的是，情绪的那个点冒上来时，只要觉知在它就会乖乖地在那儿不动了。在边觉知情绪中，我边给他们讲相互要怎么去善待彼此，后来他们向彼此道了歉，在平静中又开始了他们自己的事。

当我回到楼上洗澡时，我的心情一直不能平静，不是因为他们打架，而是因为我觉察到恬宝宝的内在有太多的愤怒，而且是压抑了太久的愤怒，也许她这些愤怒从来也没有释放过。没有人给她空间去释放，关键是她也没给自己释放的空间与机会；作为一个只跟父母生活还不到一年、一直被奶奶拉扯大的9岁女孩，不知已压抑到了什么程度。再加上她的爷爷奶奶的逼迫性，以及有时太太和我的急性子，可想她的内在有多少真实已经被覆盖。

第二天早晨吃早餐时，我和全家作了沟通。要让恬宝宝改变她的表面上的“慢”，我们全家首先要放下对她凡事要“快”的逼迫。当我们放下“快”的强迫时，她内心的“自动自发性”才能真正展现出来。为什么每一次和她做强迫性的沟通时，她会一脸茫然，两眼如死鱼眼，而且一问三不答？因为她的心会在外在强迫性指令的情况下立即关闭，以便能做自我保护，外在就自动地包上了一层不以为然、无所谓的自我防御外衣。当我们作为大人的碰到这样的状况就会生气，怎么她是那样的不可理喻与无可救药？其实，这一切都是我们作为家长一手造成的。我们长期以来放不下对孩子“你应该这样……你必须那样……”的强迫性评判。深究原因，这是代代相传的强迫性指令模式，年纪越大的越没有觉醒的人这个模式就越根深蒂固。如此这般代代相传，直到有觉醒的子孙出现，这个模式才能得以终结与转化。我们这个大家族，以我们夫妻为核心的两大家族：陈彭家族，在这个强迫性指令的模式上要有一个终结了。而这所有的一切，都要从我和太太做起。恬宝宝走进我们家，让我们来抚养她，是宇宙的精心安排，是给我们夫妻来补课的。今天不就是最好的一课吗？

恬宝宝，感谢你！爹地永远爱你！你永远是我们的小天使！

2. 嫉妒是人类共有的情绪——潜藏动力

已经很长时间没看到两个宝贝和邻居家的小朋友在一起玩耍了，尤其是恬宝宝，每一次小朋友们来约她一起玩，她都在做作业，于是每一次小朋友们都悻悻离去。时间长了也就没有人再来约她一起去玩了，她也在我们四位大人的强迫性指令下成为了“作业专业户”。每天放学回家，我们问得最多的一句话就是：“恬宝宝，今天作业多不多，多久才能做完？”岳父岳母就会更严厉一些，每一次都说：“快点儿，做作业；快，要快一点儿。”每当看着恬宝宝很不情愿又很无奈地上楼去做作业，我的心中很不是滋味。一次次，我对自己说：“我能做点什么让这个现状改善呢？”可是，在这之前我却一直在家人身上去做改变，自己却没能真实去行动。这一次当我从自己开始改变去做的时候，奇迹开始发生了。

当那天晚上我看到孩子们在一起开心地玩耍时，心中开始流淌着一股暖流与感动。我把恬宝宝喊到身边来问她："宝贝，是不是好久没玩了，压力很大吧！"她回答说："很想和小朋友们一起玩，就是作业太多了。"我又对她说："我们全家都已达成共识，以后不再以强迫性的方式管你，你要学会自我管理。"看着她睁大眼睛，我知道这是她最期望的方式。

看着她们开开心心地玩儿在一起，我突然明白，小孩子的开心和快乐太重要了。他们在儿童时度过了开心和快乐的时光，才能真正地将孩子的天真永恒地存留下来。**何为天真？是上天赋予人与生俱来的最真实的力量。这是人的先天之本，一旦这股力量被遮蔽，善也就隐藏起来，最终便呈现不出内外和谐统一的美。**

和孩子们玩得开心快乐的美丽风景形成反差的情境却是岳父在门前的坐立不安。在他的固有观念中，他还无法理解为什么孩子作业不做完就在外面疯狂地玩？我一直观察着他拉长着脸，忐忑不安地走进屋里，又走出屋外，反复几次。出来之后对着正在玩得开心的孩子们大喊："彭恬恬，快去做作业，做了再玩。"但是每一次只有他在唱独角戏，孩子们没有任何回应，继续在玩。看着岳父的身影，我的心中有种隐隐约约的痛升起。我突然感觉到岳父是那样的可怜与痛苦，他从未有过童年，自然也从未享受过如此快乐的孩童时光。所以，他能有这样的反应，再自然不过了。因为嫉妒是人类内心深处因恐惧而生的一种共有的情绪（业力）。自己未曾有的或经历过的，一旦看到外在的某个人或情境有，这股力量就自然冒出来。并以某种强迫性的方式让其终止，且按自己的意愿行事。这也是我们内心深处稀缺感的真实来源。然而，这一切在我内心深处也有，是这些我看到的外在情境令我明白，我所要做的不是去让岳父改变什么，而是我要去改变并转化我潜意识深处的这股嫉妒的潜藏动力。

"对不起！请原谅！我爱你！谢谢你！"

3. 扼杀孩子最原本的天性——溺爱的刀子

从昨晚开始，我们全家的共识以行动开始呈现。我们让恬恬自己掌握玩、做作业、睡觉以及起床的时间。平日里只要我在家，都能听到岳母对恬恬起床、洗漱、吃早餐的强迫性指令。有时，还会勾起我内在的被过多的强迫性指令的记忆定式。今早我们约定让她自己起床，平日里她6：30起床，要7：00以后才能下楼到餐厅就餐。今早她6：55起床，7：10就下来吃早餐了。只要我们真的能放下强迫性指令，她内在的自动自发性就会慢慢养成，她就能做回真正的自己。

我终于明白为什么许许多多的人成年以后，都不知道自己是谁了，也不知道要去向何方，活着到底是为了什么。因为从小我们就在大人的强迫性指令下，学会了如何去做大人眼里的“乖孩子”。只有这样我们才能赢得大人的赞美、鼓励、奖赏甚至是爱。久而久之，我们就在天性的外面包上一层层伪装的面具，为的是能在这个家里“活”得更好。当我们上学后，又在老师的强迫性指令下，学会了如何去做老师眼里的“好学生”，只有这样才能讨好老师，得到老师的夸奖。时间久了，我们又在天性外层的外层包上了一层更厚的面具，为的是能在学校里“学”得更好。人的黄金时期就是在这样一种如何伪装自己的模式中度过的。于是我们离原本的天性越来越远，要用未来的一生来找回原本就已存在却被我们遮蔽的天性，有的人甚至几辈子也回不到原点，这就是人类在无明之中轮回的悲哀。

作为大人的我们，如果懂得自我反省的话，我们就会明白，**不是小孩需要我们管，而是我们自己需要管小孩，也就是说我们放不下管小孩的这个强迫性的模式**。这个模式犹如上瘾症一样，牢牢地抓住我们不放。只要不去管小孩，我们内心深处的恐惧就会告诉我们，小孩现在会怎样怎样，未来又会怎样。我们就在这种无明的恐惧所制造的强迫性指令模式下扼杀了孩子的

“天性”，我们成为了孩子成长道路上最大的障碍或杀手。有时候我们是用“爱”制作成的“溺爱刀子”亲手扼杀了孩子那最原本的天性。我们不相信孩子能学会自我管理，我们更不相信孩子能快快乐乐的学习才能真正的成长，这个不相信是因为我们对自己的怀疑。因为我们小时候就没真正快乐过，而且还承受了那么多来自家族、学校或社会的强迫性指令。我们的内在一直认为我们受过内心的伤害，但我们不能带着我们的“被伤害”去伤害我们的孩子。只有我们觉醒，孩子才能得以解放，否则孩子只不过是被我们用恐惧的溺爱所构筑的豪华的殿堂所囚禁。没有一个孩子会喜欢生活在华丽的囚室中；也没有一个孩子不去追寻快乐，因为那原本就是他们的“天性”。孩子的叛逆就是对我要做回最真实的自己的最后宣告。但没有人能真正听懂他们的心声，于是他们只有用有限的力量作出无限的反抗。反抗无效时，就会成为生命中伤人又伤己的关系决裂。当他宣布与亲人决裂时，其实他是在向这个世界宣告，我的心已死。一个心已死的孩子，他对自己的未来已万念俱灰，于是就开始吸毒、上网，各种上瘾症随即而来，有的甚至以自杀来对抗这个世界。

听到这儿，说我们从小就扼杀了孩子不为过吧！

4. 时刻对自己清理与转化——荷欧疗法的心脏

有一天下午恬宝宝放学回家时，过来主动地抱着我说：“爸爸，我想抱抱你，我好久都没抱你了。”一句简单的话，一个简单的动作，却包含着她和我之间深远的心灵连接。我越来越对“荷欧疗法”的神奇效果感到惊喜，所有的改变都从我的内在开始，与外在无关。因为我觉察到了“强迫性指令模式”在我内在的上演，才导致恬宝宝当下的表现。只要我内在的“强迫性指令模式”得以终结，恬宝宝在这方面和我共有的部分将得以终结。甚至包括与我关联很密切的家族成员，也会在这方面得以改善。

无论你是谁，无论你在哪，无论你从事何种职业，你都可以选用“荷欧疗法”进行自我疗愈。**你不可能身陷囹圄，却又帮别人解脱；你也不可能双手双脚被捆绑却又帮别人解放；你更不可能不为自己疗愈，却又疗愈他人。**“荷欧疗法”首先疗愈的是自己，每一个走进我们生命中的人，甚至是动物（或无生命体），都是来帮我们看清自己身上需要疗愈的部分。记住，你所看到的、听到的、感觉到的就是你内在正在发生并经验着的。而且这些内在的发生与经验是在无意识之中时时发生着的，是你的所看、所听、所感让你明白正在发生的一切。一旦你领悟到了这一点，你也就进入了“荷欧疗法”的心脏。只要你转化了你内在的正在经验的，和你共有的人也自然得以转化。

如果你是一位太太，你在先生的身上看到了一些你希望他去改变的特质，那么反过来在你的身上看到那些特质，并且将它转化，一旦转化，你先生和你共有的也当即被转化。

如果你是一位母亲，正在为教育孩子而头痛，你希望他这一点改一改、那点也改一改就好了，那么请你回过头来看一看你希望孩子改变的正是你身上所需要转化的，一旦转化，你的孩子和你共有的部分当即转化。

如果你是一名领导，正在为员工的表现而愤愤不平，那么请你将你希望他们所有要改变的列出清单，并一一在自己身上去寻找并清理，你会发现，奇迹就发生在你改变自己的那一刹那。

如果你是一名疗愈师，那么真正的疗愈只会在你的内在发生，每一个前来寻求的人成了你的福音，你唯一要做的就是在疗愈自己和他们共有的部分的同时，为他们献上最纯净的祝福！

同样，这个家本来就是这样，所要改变和转化的是我的内在；这个社会也本来如是，所要去改变与转化的是我们每一个人的内在；这个国家也本来如此，所需要去改变与转化的是我们每一个国人自身的内在；这个地球也是如此，所需要转化的是我们的心灵！

这个世界不需要拯救者，这个地球也不需要救赎，唯一需要的是每时每刻我们对自己的清理与转化，如此而已！

四、业力的制约

1. 带着不同的业感来到世上——共业

在欧洲之行的最后一站，我们来到了与瑞士接壤的法国边陲小镇。这个小镇坐落在阿尔卑斯山下，绕湖自然天成。

自从踏上德国柏林开始，就已感觉到欧洲相对于亚洲、美洲的美与静，而瑞士更让人感觉到那种美与静背后的心旷神怡。然而，法国的这个边陲小镇，更让人有一种心灵回归的静谧。阿尔卑斯山上的蒙蒙雾气有一种庄严的静；湖面上悠闲自在的天鹅有一种淡雅的静；整个的湖面散发着一种包容的静；尤其坐在湖面木栏上牵着一只小狗的老人家正安详地看着远方，那是一种超脱自然的静，我们走近邀请他合影的举动打破了他与自然浑然一体的那一份静。

为什么地区与地区之间，国家与国家之间的人文环境会有如此大的差异呢？为什么我们又会降生在不同的国度与区域呢？我想当这位老人家正在安详地与自然合一时，地球另一端和他相似的老人也许正在挨饿，也许正在田里劳作，也许正在承受战乱之苦。每一个人都是带着不同的业感来到这个世界上的。何为业感？就是我们累生累世以来所累积的所有潜藏在潜意识深处的轮回动力，当受到相对应的业力感召时，就会投生相对应的环境的现象。

第一种业感就是人类的业感，这是今生今世之所以为人的首要原因。当然，身为人我们就得去承受作为人本身所固有的人性带来的痛苦和快乐。

第二种业感就是种族的业感，也就是说你投身于哪一个种族，将对应不同的业力。人类还没有进化到消弭种族差异的意识阶段。审视人类发展的历史就是种族与种族之间相互敌对、互不相容而导致的斗争史。白人对黑人的歧视，历经几代人的奋斗，从林肯、马丁·路德·金到奥巴马才有了历史性的转折，这是个多么艰辛的历程，是多少人用生命所铸就的成果。再看看导致第二次世界大战的原因，希特勒要灭绝犹太种族，这是历史上最悲惨的事实。还有作为华人的一分子，也曾被歧视过，有被流放海外做劳工的，甚至在八国联军入侵中国时，曾有些场所写了“华人与狗不能入内”的警示牌，也曾被扣上“东亚病夫”的黑帽子。这就是为什么霍元甲、陈真、李小龙会被世人尊敬的原因，因为他们用一种精神在消弭种族之间的隔阂。所以无论投身黑人、白人、黄人还是棕色人，都有相对应业力的感召，都是今生今世需要去修炼的功课，曾经被歧视过的民族，这当中就有着受屈辱的功课要去做。曾经去侮辱过别的种族的人，就有着傲慢与偏见的功课要去做。

第三种业感是宗教的业感，也就是说你投身于何种宗教的文化里。比如投身伊斯兰世界的人，从出生那一刻起就注定了你就是伊斯兰教徒。投身西方世界的人，多半会被基督教、天主教、东正教所影响或去信仰。投身东方的人多半会受佛教、道教、儒家文化的影响。投身印度的人，多半会受到印度教、婆罗门教或其他宗教的影响。从小到大受何种宗教文化的主要影响，将决定一个人的信念模式、生活模式、生存模式，这是一种对人根深蒂固的影响。它将直接影响着你怎样去认识自己，认识他人，认识世界，认识宇宙。如果一个人从出生就被一种非正信的宗教思想所主导，那么可想而知，这就是此人必然要在这个业力层次所受的业力感召。反之，当一个人从小就已经被一种正信的宗教思想所主导，那么他就有了去真正认识自己、认识宇宙的机会，并为自己打开了一道通向神性的大门，这同样也是一种业力的感召。所以，我们有信仰固然很好，但同时也要问问自己，我所信仰的是否是正信，是否符合宇宙大道。

第四种业感是国家的业感，也就是你出生在什么样的国家。你出生国家的政治、文化、人文对你都有不可估量的影响力。关于这一点我们不多谈，请大家去慢慢领会。

第五种业感是区域的业感，也就是你出生在什么地区，这也将直接影响你的成长方式。比如中国有 30 多个地区及州市，每一个地区的人的个性都会受当地区域文化的影响。以瑞士为例，靠近德国的区域主要受德国文化的影响，语言也以德语为主。靠近法国的区域主要受法国文化的影响，浪漫的气息要浓密一些，在对规则的认知上要比德语区淡泊。在德语区的人不会有闯红灯的现象，而在法语区则常会出现闯红灯现象。在瑞士中部区域的人则受两种文化的交叉影响。

第六种业感就是家族的业感，其实是你选择了此生你所投身的家族。你的身体内流淌着家族世世代代演化而来的基因，这些基因将决定你先天的身体状况。你的潜意识中收藏着你整个家族的信念模式，是这些信念模式决定了你想成为谁，并以什么样的姿态呈现于外在世界中。这一张家族业力之网比我们想象的还要复杂千万倍。我们只能透过在家族中所发生的事件以及我们自己和家族中各人的关系去检测自己的业感。

第七种业感就是你长期投身的行业。行业这个词有两个层次的意义，首先是作为谋生所要选择的道路，什么样的道路将对应什么样的行业；其次是每个行、每条道都有其自身的业力，故称为行业。佛家讲业有白业与黑业，白业对应十善业，黑业对应十恶业。行业也一样，有走正道的，也有走歪门邪道的。先说邪道，有多少人为了名利，铤而走险地走上了自毁毁人的道路。比如走私、吸毒、金融诈骗，还有近几年市场上所发生的三聚氰胺、染色面包、地沟油事件等。谈到善业，我们说除了刚才讲的恶业之外都属于善业。可见，我们要从宇宙的眼界来看今天的各行各业。也许今天你所做的行业很赚钱，也正在从各个层面去推动社会进步、就业率提升等。但同时要问问自己，我们现在正在做的事是否会破坏生态平衡，破坏心灵的平衡，如果回答是“NO”，那么你已走在“正道”之上了。这一生能走上培训业这条路，也是几世修来的福分，在这个行业中能快速成长自觉觉他。同时，我们要明白事物都有两面性，当我们在帮助他人成长、自己也迅速成长的过程中，是否在喂养着强大的“我执”。这个“我执”需要用鲜花、掌声、名誉、地位来供养。

2. 不走进黑暗你无法见到光明——光明与黑暗

有一天陪太太到医院检查身体，让我体验到了前所未有的沉重感。刚开始，每遇到一个人，无论是在走路时、排队时，还是在电梯里，我都用觉知的意识与他们做连接。心中一直在默念：“对不起！请原谅！我爱你！谢谢你！”以通过对自己的记忆定式的清理与转化而对走近我身边的每一个人的清理。然而，随着时间延续，一直从上午 8：40 延续到中午 12：00 左右，我的内在突然升起一股昏昏的沉重感。这是每一次去医院时都会经历到的感觉，这一次特别强烈。这种感觉让我深深陷入无力、无奈、抱怨之中，好像有一股无形的黑暗势力将要把我吞没，越拉越深。也在同一瞬间有一种超然的觉知立刻显现，并提示我：这股昏沉感就是来自我最深层的潜意识深处。这一股力量是在平安、和谐日子里难以觉知到的。此刻，所有的无力感、无奈、抱怨皆是记忆定式的重播，然而，一旦觉知的意识之光出现，这些黑暗的能量即得到立即的清理与转化。我终于明白这句话的含义：**不走进黑暗你无法见到光明**。人们的无意识的生命模式就是让生活步入黑暗的核心原因。然而关于黑暗与光明又有着以下的几种层次：

第一层：从黑暗走向黑暗，即被欲望，被贪、嗔、痴、慢、疑所俘虏的人，他们生活在地球圈的最底层（以能量级来计量）。他们的内心充满着怨愤、嫉妒、仇恨，也因为这样一种能量场吸引着同样充满着怨恨的人、事、物到他们的生命中来。所以这一层人一直活在自我痛苦的折磨之中，如果用佛家的语言来说，他们就是活在“饿鬼道，畜生道，地狱道”的人群。这一层人都分布在监狱、赌场、红灯区、贫民区、恐怖组织区、戒毒所等区域。

第二层：从光明走向黑暗，即原来在人间道从事着有益于人类、有益于国家、有益于地球的正义之事的人群，由于自身修炼不够深厚，被一股股无名的黑暗力量所吞噬，甘于堕落，自我毁灭。这些人群大致有吸毒者、犯罪者、行贿受贿者、恐怖分子等。

第三层：从黑暗走向光明，即原来处于地球圈低能量级的人群向高能量级进化。他们从受害者向创造者进化，从创造者向神性的使者进化；他们从无明向觉知进化，从觉知向觉醒进化，从觉醒向觉悟进化；他们从迷悟的众生向阿罗汉进化，从阿罗汉向菩萨进化，从菩萨向佛进化；他们从动物性的人向真正的人进化，从真正的人向神进化；他们从以身体为重心的人向以心智为重心的人进化，从以心智为重心的人向以灵性为重心的人进化。

第四层：从光明走向光明。即心灵已觉醒，要让自己带领更多人觉醒，以获得更大觉醒的人。这群人是在行菩萨道的人，他们自度度人，自觉觉他；他们自我修炼，与人为善。他们了解并知道自己是创造这个世界所有实相的根源，他们会不断地清理自身潜意识深处的记忆定式，从而清理身边的一切人、事、物。甚至于，他们隐身于这个世界，却无时无刻不用自己的能量波来清理并转化周边的一切。有些人乃至于将自己置身于黑暗之中，为黑暗带去一线光明，让更多洞见光明者走向更大的光明。地藏王菩萨的誓言就是最好的例证：“地狱未空，誓不成佛。”德兰修女穷其一生为了无家可归的穷苦人，可谓感天地泣鬼神，最终代表全世界的穷苦人领受了“诺贝尔和平奖”。马丁·路德·金不惜用生命的代价吹响了消灭种族歧视的号角；当年的一场演说《我有一个梦想》，就好比无限黑暗中的一个灯塔；起初看上去渺茫无比，然而今天灯塔变成了太阳普照着这个世界，所以美国历史上的第一位黑人总统奥巴马诞生了。美国的修蓝博士为了实践“荷欧波诺波诺大我意识疗法”，去到了令人生畏的来自美国各地没人敢收留的“精神病院”，他为那个地方带去了一线光明；其实，不只是那里，他为整个世界都带来了一线光明，只要每个人都能看到这一线光明，这个地球就立刻被转化了。合一大学创始人 Amma Bhagavan，在人类进化的最为关键的年代为我们带来了阿凡达的精神，让我们以合一现象觉醒于人类的同一个意识，让地球成为真正意义上的潘多拉星球!

“我延着一道光而来，披着一缕黑暗而去”，我将用一生的心力去实践阿凡达精神，为我最深最深的内在带去一线光，当那最深最黑暗之处照见到了光明，这个世界就有了光明!

我就是这个世界，世界就是我自己!

3. 上天给我们的最好的礼物——孩子

一个很不平静的夜晚。

由于恬宝宝没按妈咪的吩咐做完安排的作业，在妈咪的多次询问之下没吭一声，终于妈咪气急败坏地打了她的嘴巴。抱着受了很大委屈的恬宝宝，一直安抚着她，她的眼泪像断了线的珠子往下掉。此时，冲宝宝也受到了惊吓，过来抱着我和姐姐也哭了。心情稍平定过后，他们俩都自动地去做作业了。

我来到三楼，太太躺在床上，风儿是那样的清新、月光是那样的皎洁、虫鸣声是那样的清脆，然而太太不能入睡。我知道，此时她也被内心深处的“业力”之魔统治并征服了。我坐在床边想心平气和地和她沟通，但那时她的所有焦点都放在了自身的情绪之上，无论我说什么都被她反弹了回来。此时，我知道只有先安抚好她的情绪，下一步的沟通才有意义与效果。我设身处地地说道：“其实我们内在从小到大已经累积了太多的‘情绪业力’，这是一股非常强大的负能量。这股能量处在我们的心灵深处，如果平日里没什么事发生，它只会停滞在身体内的某个地方。一旦我们被外在的人、事、物所触动，就好比鱼钩钓鱼一样，会钓出这些负能量。这股能量的升起我们毫无觉知，这样它就会形成自动化的反应，以不可理喻的行为方式发泄出来。那个发泄的过程就是伤人伤己的过程，直到事后才发现，我当时怎么就那么冲动呢？”

说到这儿太太的情绪有些缓和，我们的沟通从刚开始的抵触到接受，再到她开始反省。紧接着我们又沟通道：“孩子，都是上天给我们的最好的礼物，他们天真而又敞开的能量就像一面镜子一样让我们反观自己。对于孩子，我们要能恩威并施，恩就是慈爱，威就是要让他们明白做人做事的原则（什么是可以做的，什么是不能做的）。也只有这样，我们作为大人才能在孩子心中树立威信。否则，孩子只会恐惧大人的威严。恐惧是什么？恐惧就是爱的不在，恐惧就是真我的消失。”

后来在沟通之中我们约定了，在家庭中绝不可以动手打孩子，随着沟通的深入，我发现太太由紧绷的、愤怒的、愧疚的能量开始转变成敞开的、反省的、轻松的能量。我们相互的沟通也犹如太极一样，在阴阳之中、在动静之中，开始趋于和谐与平静。在和谐与平静之中，流动着一股爱的能量。在这股爱的能量中，我让太太看着压在胸口的那股能量，通过呼吸让它慢慢走开。情绪如来如去，犹如万里晴空中骤然下起的狂风暴雨；当它们过后，出现在天空中的将是五彩缤纷的彩虹。此时，我们彼此心中也升起了一道彩虹，一端为阴一端为阳，在这股阴阳流动的能量中，我们慢慢合一，我对太太说：“你就是我内在的一部分，无论何时都记得老公最爱你！”

太太在静美中入睡了。

我下楼带着两个宝宝来到地下室。我们以爱为床、以抚慰作为枕头、以温暖为被子，安然入睡。梦中我们来到天堂，醒来时还在天堂。只要心中有爱当下就是天堂！

五、从苦难中觉醒

1. 痛苦的外衣下藏着什么——觉醒的呼唤

“苦海无边，回头是岸。”佛家用一句朴实的话不断地在告知芸芸众生苦的真谛。之前，对这句话没有多少领悟，最近对“苦”有更进一步的体验之后，才真正领悟到了“苦”的意义。

只要身为人就必定有苦，从某个层面来讲人就等于苦。也许很多人听到这句话会开始唾骂，先别着急，当你开始骂时，你已经无意识地掉入苦海之中了。**没有一个不经由去深度了解自己的痛苦，却能够了解众生痛苦的人。**自从我们出生那一刹那的哭，就已经在向这个世界宣告，我已掉入生命的苦海。然而，让我们一生痛苦的真相不是因为我们身陷苦海，而是我们死不承认，我们是在苦海，或我们正在拼命地逃离苦海。是这份对苦的无明与抗拒让我们痛苦，并深受折磨。有多少人深陷痛苦，并一直在追寻着有一片净土，认为当我们到达那里时，便永不痛苦。可是，当我们处在无明之中时，地球就是苦海。无论你追逐这样的成功，夺取那样的名利，还是获得更高的权利或地位，你也只不过是在地球这个苦海中，从这一端游到那一端，从浅处游向你所不知的更深处，你永远游不出这个大海。

那“回头是岸”又是什么意思呢？**记住，觉醒一直经由痛苦在召唤我们。**从我们出生一直到今天，每一个痛苦的经历，都是在召唤我们从痛苦之海中觉醒过来。觉醒就是真正体验到我原本就在苦海之中，此岸即是彼岸，我哪里也不用去，我更不用逃。每一份痛苦都在心灵深处轻声地呼唤着我们：“亲爱的，别在徒劳地往外追寻了，请你回过头来看看我；看看我痛苦外衣的表象之下藏着什么？我只需要你看着我、接纳我、拥抱我。当你拥抱我时，我就在你内转化成更深更广更宽的意识了。”这个声音一直都在，除非你回头——向内看，觉醒过来，否则这一生或许多次的轮回你都听不到这句召唤。

每一次身体的疼痛都是觉醒的呼唤！

每一次心灵破碎的冲突都是觉醒的呼唤！

每一次意外的遭遇都是觉醒的呼唤！

每一次失败都是觉醒的呼唤！

当每一次痛苦降临或升起的时候，尝试着别用往常自动化的反应模式试图将它推走，你的推力越大，阻力也越大；你的抗拒越大，痛苦也会越大。用你的觉知去观照它，并对它说：“亲爱的，我知道你在这儿，你想告诉我什么？谢谢你！我爱你！”刚开始也许难度会有些大，但你要学会反反复复地去坚持练习。时间久了，你就会在痛苦来临之前提前觉察到它。你要明白，每一次觉察都是你生命能量的一次升华。

当然，你要有心理准备的是，我们不可能在很短的时间之内就练习到可以洞见并接纳所有升起的痛苦，毕竟那是屡生屡世累积起来的。但只要你记住一点，每觉察到一点、接纳一点，你的意识就会升华一点。直到意识会升华并进化到包容所有你的人生之苦，你能接纳你生命中所有的苦。最终你会有更深层次的觉醒，你之苦及众生之苦，我们同在一片苦海。只要我自己有更深觉醒，也就能让更多的人觉醒。

觉醒后的你，那宽广意识之海涵容了苦海，苦海成为你生命中不可分割的一部分。未觉醒的人，意识的范围之窄，被人生之苦海所湮没，所以生生世世在苦海之中轮回。直到回头——觉醒的那一天，才能到达心的“彼岸”。

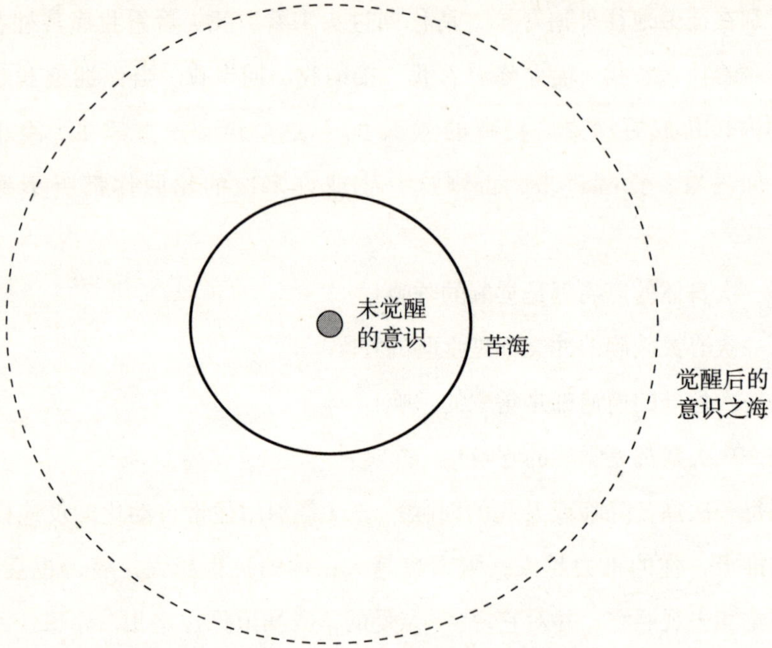

2. 地球被强大的意识场包围——全球意识

如果你想象自己站在宇宙的一个点，在那个点上可以把地球看得清清楚楚，而且你有一个能够透视意识光谱的望远镜，那你就能清晰地看到，地球被一个强大的意识场包围着。当你调整镜片的焦距，你会看到这个形如地球的意识场，有些地方厚一些，有些地方稀薄一些，还有些地方甚至会有破损。当你将意识场的不同区域对应于地球表面的不同区域时，你会发现，意识场厚的地方对应于相对在灵性方面丰足的区域（如西藏、喜马拉雅、斐济岛、马尔代夫、印度）；意识场薄的地方对应于物质发达、灵性追求缺失的区域；而意识场有破损的区域则对应于战争频繁、暴力不断的区域（如中东战火不断发生的地区）。

这个意识场是由 70 多亿人的意识共振而形成的全球集体意识场，它影响并控制着地球上每一个个体的潜意识。同样，每一个人的潜意识波频也在影响着这个全球意识场。当你生气、发火、暴跳如雷、摔东西、砸板凳时，你的意识已经融入了这个全球意识场。也许就因为这小股意识波的推动，让地球另一端一个正举着枪本来并不想开枪杀人的人无意识地开了枪。同样那些战火纷飞、暴力不断的地方，所充斥着的强烈的意识波也融进了这个大意识场。也是在这个大意识场的推动下，让你我以及无数人的内在充满了无明的愤怒。我们在无意识的愤怒下创造着自己和亲人之间的痛苦。

然而，当我们觉醒时，我们的临在所创造的高振动的意识波频也融进了这个大意识场。也许，就因为你的觉醒，这个高振动的意识波在刹那让地球另一端正想开枪或行使暴力的人心软了。当越来越多的人觉醒过来时，这股强大的意识振动就能“扭转乾坤”。当那个临界点到来时，全球全人类的意识都会有一个大翻转。将会有越来越多的人意识到，我们是相连的、我们和自然是相连的、我们和万物是相连的、我们和宇宙是相连的，让我们为了这份相连祝福吧！让我们为了这个觉醒庆祝吧！让我们为了合一干杯吧！

六、无条件接受自己

1. 你是我灵魂的殿堂——给身体的一封信

亲爱的身体：

原谅我这么多年以来，在无知中把你当做我的工具在对待。自从你来到这个星球，你就竭尽全力地在保护我内在的灵体，应对着这个纷繁复杂的世界所带来的挑战。可是，我却从未关注过你，更别说去好好地爱你、呵护你！你无怨无悔地为我奔波着，为了小我的自我证明而忙碌着。直到你已经精疲力竭时，你才用疼痛、疲惫、无力等信号告诉我：该休息了。但是我却没去听你要和我讲的心里话。

这么多年以来，我处在无明的状态中和小我展开着一次次的拼杀，而你就成为了我们拼杀的战场。以至于在多年的拼杀中让你内在的多条通道遭到破坏或者阻塞，你又再次苦口婆心地以疼痛来告慰，我却无动于衷，并将疼痛歇斯底里地向外发泄。

其实，自从你来到这个星球，你就充满着无穷的智慧，你清晰地知道自己要吃什么来维持自身的能量流动以保持机体的运转。可是，我却没去聆听你的话语，却把小我对食物的无限欲望强加在你的身上，无止境的吃喝。该吃的不去吃，不该吃的却以喜好为美丽的借口，无节制地吃了一大堆，从而破坏了你原本已设定好的运作机制。这个时候，你又会耐心地以身体各种的不适来警醒我。然而，我依然糊里糊涂的自行其是，以至于让消化系统受到了损坏，慢性胃炎一直纠缠着我。

今天，我终于觉醒了，我亲爱的身体，你不再是我的工具，你是我灵魂的殿堂。我也觉醒到我和小我（我执）不再是敌我双方的关系，我们原本是一体的，小我的存在就是为了让我明白我是谁。你不再是我们争斗的战场，而是我们合一觉醒的圣殿。同时，我也明白，每一次你以疼痛的方式呈现，都是在呼唤我在身体对应的能量场域，有一股能量以恐惧或疑虑的方式在流出。你是通过疼痛的信号，让我了解到我有什么样的情绪功课要去完成。你的每一次呼唤，都是我们走向更深觉醒的开端。

2. 你让我认识到自己是谁——给“我执”的一封信

亲爱的“我执”：

请原谅我在你陪伴我轮回了这么多生生世世之后的今天，才开始注意到你。在过去的生生世世中，以及今生走过的35个年头里，我都把你看成是我生命中最大的障碍，甚至是仇敌，而且还把所有导致我人生不成功、不快乐、不幸福的责任统统追加于你。有的时候真想把你铲除而后快，可是却又显得自己无能为力。

在昆明的一个早晨，不知是一股什么样的力量突然间让我明白了，原来你就是我的一部分。你的存在就是要让我认识到自己是谁。那一刻，我又惊又喜，惊的是这么长时间以来我却这样残忍地对待我自己的一部分；喜的是我们之间的战争终于在觉醒的那一刹那得以平息。

亲爱的，你知道吗？这也许是有生以来最令我震惊并开心的消息了。以前，我是多么的虚伪，我以为我可以在排斥你的同时，去接受他人；我可以在消灭你的同时，去帮助他人；我可以在仇恨你的同时，去爱别人。可是真相却是，你不但存在于我内，同时也存在于每一个人之内，乃至万物之内。只有我俩合为一体，像爱我的“本体”一样的爱你时，我才能真正的去爱身边的人。

亲爱的，当我排斥你、憎恨你时，其实我也正在将我身边的人推开。然而，你的本意却是让他们来唤醒我，可我却恩将仇报地去伤害他们。特别是与我越亲近的人，却被我伤害得越深。

亲爱的，这是最值得我们欢呼庆祝的一刻了。因为我们在一起那么多的生生世世，直到今天才认清彼此连成一体。我们居然在同一个地方隔裂了几万年啊！你说还有什么事能令人这么开心呢？

感谢你亲爱的，你被我误会了如此之久，你却对我形影不离的呼唤，还有什么样的爱比这更令人心碎的呢？感谢你亲爱的，让我们在合一中进入每个当下；又在每一个当下，与每一个生命合一！

3. 灵魂一直借你来呼唤我的觉醒——给情绪的一封信

亲爱的情绪：

从我呱呱坠地开始，就因为有你的存在，我才得以和这个陌生的世界沟通。我常常会用哭、吵、闹的方式来表达我对这个世界的恐惧以及我所需要的关爱。在我表达的过程中，我得到了各式各样的回应，最强烈而又最多的回应就是：不许哭、不许吵、不许闹。久而久之，随着年龄的增长，我学会了将自己各种各样的情绪压抑下去。由于无知，我以为压抑下去就可以了，也许你就不会存在了。说实话，那时我还真怕你跳出来，我害怕家人、同学、老师、朋友们的嘲笑。

但是，当我逐渐长大成人之后，我发现我是那样的容易生气、发火。有的时候生完气、发完火，我会一个人躲在一个地方自责。平时温文尔雅的我，为什么愤怒起来会是那样的可怕、惊人。曾经有一段日子，我陷入了自闭之中，我不想跟人交往，也很怕和陌生人来往。可是越是自闭，心中就越是渴望有人来关注与疼爱，我还曾经以自我摧残的方式来赢得别人的关注与疼爱。

成家以后，这股一直以来被压抑下去的情绪，开始崭露头角。起初是生气、吵闹，或者一走了之，后来是愤怒、暴躁、摔东西，暴力冲突。我曾一度陷入分裂之中，在外面装作一个好好人的模样，好像从来不会发脾气；一旦回到家，和最亲的人在一起，就露出丑陋的嘴脸，情绪败坏至极。直到我自己痛到极致时，才渐渐开始往内去看自己。但是，好景不长，走了一段所谓的修行之路后，似乎可以让情绪消失得无影无踪了。然而，一旦突发事件一来或某些自己不喜欢的情境再现，脾气又上来了。我才明白原来我披上了灵修的外衣，将情绪隐藏得更深了。

直到《灵魂之心》这本经典的“情绪觉察”的操作手册出现在我面前时，我才恍然大悟。原来，灵魂一直借由你来呼唤我的觉醒。每一次身体疼痛与不适也是你在呼唤我，可是我却视而不见，听而不闻，一次次的将你打回去，或自责一通。渐渐地我知道，原来你以乙肽的能量形态存在于我肉身皮肤的3.8厘米左右的地方。可是我却像对待敌人一样的对待了你这么多生生世世，你却依然如故的守护着我、唤醒着我。

今天我终于明白，你的每一次流动都是在与我沟通。当我身体的某些部位不舒服，当我有不舒服的能量升起并流动时，其实你是在告诉我，我又以恐惧或疑虑的方式正在释放能量了。你的本意是借由不舒服让我觉察，并在觉知中将释放的模式转变为爱和信任的通道。而每当我以爱和信任的方式释放能量时，我就会活在幸福、喜悦、自在、平静的状态中。

这段时间以来，每天我都开始关注你的出现，简直是太美妙了。每当与你亲密地接触并深深地去觉察你时，都会有一份惊喜的大礼藏在你身后。而且，这不是一般的礼物，是一次次带着我走向更深层觉醒的礼物。

你不但存在于我内，你也存在于人类以及动物等各种物种之内，而且从人类进化以来你就一直陪伴我们走过了生生世世。只不过，因每个个体的经历及体验的不同，你存在于每一个个体的能量排列组合也不同，于是形成了每个个体不同的情绪模式。并且你都是在不停地召唤着每一个个体觉醒过来。我相信，只要与你亲密接触过的灵魂，都会为你的美、为你的深邃、为你的广博而惊叹。

我不可能把你拒之门外，又从另一扇门去接纳他人的情绪；我也不可能排斥你、憎恨你，却又敞开对他人情绪的拥抱；我更不可能不与你亲密的连接合一，而真正走向觉醒的进化之路。

深深地感恩你，我最亲爱的情绪！让我们在每个当下亲密，在睡梦中也亲密！

七、物质的自然属性

1. 一切行动的发动者——三德（一）

《瑜伽经》中讲到万事万物都蕴含着原质，并且由三种能量构成：萨埵、罗阇和答磨，它们集合起来被称作三德。它们是三种既相互对立又相互补充的力量。在进化的过程中，萨埵是将要实现的形式的本质，答磨是阻止它实现的障碍，罗阇是清除这种障碍让本质的形式得以显现的力量。

萨埵代表着一切纯粹、理想和宁静的东西，罗阇在行动、运动和暴力中表现自己，答磨则是稳定、阻力和惰性的原则。这三德都会显现在一切事物中，但始终有一种力占据主导地位。例如，萨埵在爆发的火山中占主导地位，而答磨在一块花岗石中占主导地位。我们往往发现三德之间的关系极不稳定，所以我们才会在短短一天中经历许多情绪波动。萨埵令我们灵光一闪，萌发出无私的爱、平静的喜悦和思想的宁静。罗阇让我们迸发出愤怒和强烈的欲望，使我们躁动不安、心怀不满，但也激励我们积极工作，让人精神焕发，充满活力和勇气。答磨是我们一旦陷入其中就会令萨埵和罗阇处于下风的精神沼泽。在答磨状态中，我们最坏的品性便暴露无遗——懒惰、愚昧、固执和不可救药的绝望。

《薄伽梵歌》指出："当一个人不再憎恨萨埵之光，或罗阇的活动，甚至答磨的错觉时，他就超越了三德。尽管它们还在活动，在三德停止活动后，他也不再渴求它们。他满不在乎地坐在那里，不受三德的干扰。他将知道三德是一切行动的发动者，并且永远不会失去这种分辨的力量。他保持在阿特曼（梵语：绝对存在）的内在平静中，将快乐和痛苦视为同一。"

2. 学会和自己的"我执"共舞——三德（二）

有一次课程已经是凌晨 2 点才到达昆明开始休息的，早晨醒来已经是 7：15了，于是从起床一开始就自动化地进入了很"紧迫"的快的状态。吃早餐时，我发现我整个身体都在快，在快的反应中就是紧张。呼吸紧张，吃东西快速，直到我发现喉咙和胃都开始紧张的收缩，下咽食物已经不舒服时，我立刻喊自己停。我为什么这么紧张，这么快干什么呢？当我停下来时，我感觉到了全身的这股从紧张中被解放出来的能量。当我刻意的放缓速度后，我的身体开始放松，呼吸也深沉了很多。我觉察到这就是我在工作中养成的习惯性的强迫症。只要大脑指示时间很紧了，什么事要发生了，我就会失去觉察，而无意识地进入了“快”的节奏之中。在快中，我所有的一切都是紧绷的，无论是从身体到声音还是其他各种反应。这是大脑对付当下的“高招”，每当大脑中出现“快”时，就要立刻觉知并观照着它，在观照中自然会慢下来，只有慢下来才会有更深的觉知。

中午接听电话，我能清楚地听到对方讲话，但对方一直在问：喂，喂，听得到吗？一直重复无数遍。那一刻，我有一股很不耐烦的情绪升起，说话的语气也开始生硬。挂了电话，我有一种失落感，评断又开始出现了，“你这是怎么啦，这么点儿小事就不耐烦了。”评断把我带进了觉知，我观照着那股不耐烦的情绪能量以及同时夹杂着的评断。慢慢地，我又恢复到平静的状态。不过有一个声音却一直在问我：这个不耐烦的背后隐藏着一股什么样的潜意识动力呢？其实，这依然是事情没按我设想、没如我所愿地发展，而碰触到了我深层的自我价值感。感觉自己不被重视的恐惧在作祟。包括午休时被服务生侵扰，当时我想明明已经把“请勿打扰”的牌子挂出去了，她为什么还要敲门呢？顿时，我就很生气地说：“过一会儿再来打扫。”说完这句话后，我脑子里想了很多关于这家酒店不会服务的种种理由。服务生敲门引起我的生气，也同样是因为我觉得我所做的一切她怎么就不重视呢，这背后依然是那股自我价值缺失的潜藏动力在驱使。而且这个驱使的力量非常强大，在几十或几百分之一秒内就作出了反应，非常难以觉察到。

伴随着这些现象的出现，昨天中午至下午，我隐约地感觉自己有些闷闷不乐，总觉得有些什么不能释怀。包括午餐的菜不合口味，脑海中有闪过一丝对我不够重视的念头。但往往灵感的礼物就是在这样的过程中升起的，原来自我价值的缺失是制造这一系列情绪连锁反应的潜藏动力。我的内在示现了这样一幅图像，如下图所示。

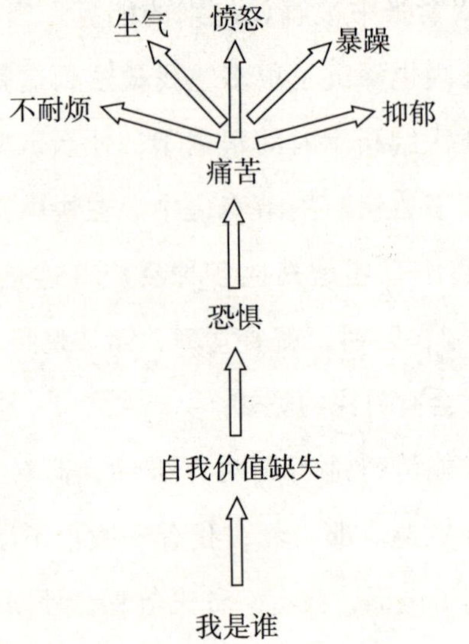

如何对治自我价值的缺失呢？还是要从最根本的地方着手，自我价值源于什么？因为有“自我”的存在，自我就是“我执”，只要“我执”一存在，所有威胁到我执的外在情境，都会以潜意识的自动化的恐惧反应而出现。恐惧又会以各种通路通过痛苦而显化出来。当我们不愿去看到那个痛苦，或者说根本来不及去看那个痛苦时，自动化的情绪模式早已被启动；于是愤怒、暴躁、抑郁、不耐烦、生气等就出现了。所以，自我价值的缺失又源于不知道自己是谁。

《瑜伽经》中说过，宇宙万物中皆含有三德，也就是说三德是构成宇宙万物的最基本元素。三德中的萨埵代表的是纯意识的喜悦、平静与爱；答磨代表的是阻止喜悦、平静、爱呈现出本然状态的阻力；罗阇代表的是突破阻力呈现出本然状态的意志力。也可以说萨埵是光明，答磨是黑暗，罗阇是让光明穿破黑暗的力量。宇宙万物皆包容于这三种元素之中，大到没有外面，小到没有里面。

对于人类，萨埵就是我们的“自性、神性、佛性”，也就是纯粹的爱、平静与喜悦。答磨就是阻止“自性、神性、佛性”展现的黑暗阻力，是“自性、神性、佛性”一体两面中的另一面。人类就是通过“我执”来阻止“自性、神性、佛性”的展现，所以答磨在某种意义上就是“我执”。那罗阇又是什么呢？最初它是一股非常想摆脱“我执”活出自己神性的强烈意图。当然，在这个过程中意图会碰到来自答磨的阻力，这个阻力反而驱使意图成为了一股更加强而有力的“意志力”。这也是无数人追求开悟成道所展现出来的惊人的“意志力”。苦行的人在罗阇层面是非常有“意志力”的，可以用金刚来比喻。可是这也只是三要素之一。**当意志力与解放出来的觉知相遇并合一时，这就是“观照”**。有人观照力强而持续，是因为他的意志力与觉知都均衡发展了。还有的人可能觉知要强一点，有些人意志力要强一些。“观照”会将“我执”与“自性”（神性、佛性）连成一体。这就好比一个硬币，它是由三面构成，上、下两面以及连接上下两面的中间带。如下图所示。

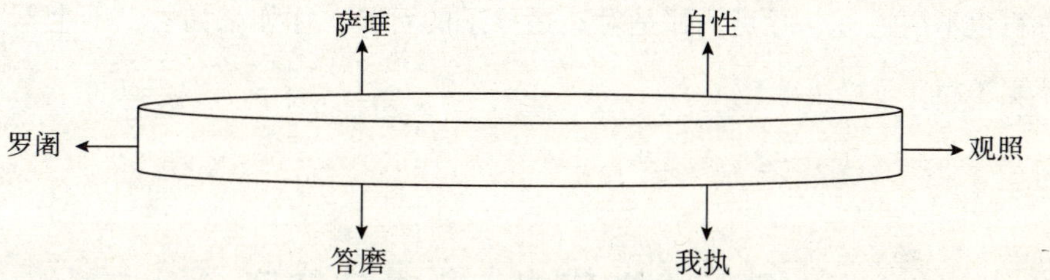

当观照一出现时，观照本身与自性、我执就连成一体了，就合一了。那一刻，你就超越了三德的限制，进入了更深层次的觉醒状态，你明白原来自性、我执本是一体的。自性要透过我执才能认识并展现自己。当自性与我执合一时，我执成为了自性的亲密伙伴，而不再是敌对的关系。那一刻你真正学会了接受自己的“我执”，明白了“我执”是自己生命中不可分割的部分。在接下来的生命中，你明白自己所要做的就是去拥抱“我执”、去了解“我执”、去爱“我执”。你知道了“我执”只不过是一系列思维的自我认同、情绪的自我认同、身份的自我认同、灵性的自我认同的集合体而已。你会将觉知深深地带进每一个当下去观照它们，在观照中这一系列的能量集合体会转化为更深的觉知。

当你学会了和自己的“我执”共舞时，你也能把祝福带进每一个人的生命中。这个世界就是由几十亿的“我执”组成的，接受自己的“我执”是你能真正接受他人“我执”的前提。真正的慈悲就是像爱你的“自性”一样的去爱你的“我执”。这也是你开始给予无条件的爱的开始。

在无条件的爱中，当你从别人的身上看到他的“我执”时，你明白那是来帮你认清并了解自己“我执”的，你会把每一个走进你生命里的人都看做“恩典”。如此，你每时每刻都行走在恩典之中，你也就是那存在、意识、法喜；你比你想象的要宏伟、要宽广、要喜悦、要自在；没有哪一刻不是你，没有哪一处不是你，没有哪一样东西不是你；你就是那个不可言状的存在，你就是那充满着整个宇宙的意识；你就是那“一”；你就是无边无际的法喜。你再也不用追逐、寻觅，那是对迷途孩子的召唤；你如来如去，不生不灭，不垢不净，不增不减！

八、大道至简——太极法则

1. 从道而生，从一而来——回归简单

有一天晚上太太到机场接我时，我敏感地感觉到她的能量是收缩的，但我并没有问她什么，只是和她聊天。睡觉时她跟我说了一句：“老公，你是我最亲的人了。”我也没在意些什么就睡了，因为时间也很晚了。

早晨起床下楼时才发现，原来昨晚她和妈妈闹矛盾了，岳父岳母闹着要回湖南呢！我很想去做些调解工作，但是岳母和太太都是站在自己的角度去看待问题，只要一沟通就会掉进自己的情绪之中。我来到禅房，向内

在之主寻求忏悔，大概拜忏了半个多小时我下楼来。这时岳父岳母已收拾好行李准备要走，此时内在之主的恩典不断降临。有一股力量推着我去拉着岳母的手，我用手搂着她，和她心贴心地说了一些话。在说心里话的过程中，我们彼此都流着泪，那是理解的眼流、爱的眼泪。和岳父岳母说了一段话后，我来到一楼和太太也说了一些心里话。我对太太说："孝顺父母，不是要父母按我们的生活方式来生活。而且现在你是爸妈最亲的亲人，他们小时候没有得到父母应有的爱，老了又得不到儿子的照顾和孝敬，心里当然很苦。这时只有做女儿、女婿的去孝顺孝敬他们二老。"说完这段话，太太来到二楼和妈妈拥抱在一起，一切的不理解就这样在爱中溶解了。

今天内在之主给了我一个很深的了悟，任何看似复杂的家庭矛盾，都可以将其变得非常简单。这就是太极原理，道生一，一生二，二生三，三生万物。所有的一切现象都是从道而生，从一而来。那个"一"是什么呢？当我们身处各种错综复杂的关系中时，我们要在深度的觉知中立刻回到一，也就是回到自己身上，自己就是这个一。即我自己到底怎么了，才出现当前的错综复杂的问题；一旦回到自己身上，也就回到了问题的原点，这是第一步。如果回到自己身上，你依然找不出到底是自己的什么原因导致问题的发生，那么就要再继续回到一的源头，即我的源头"道"，道也就是神、佛、光、上帝。回到了道的本源就开始不断地向祂忏悔，祈求祂的指引来化解这些错综复杂的能量带。

今天我就是这样做的，当太太和妈妈因哥哥、侄女等原因在那儿大战时，我就来到禅房向内在之主忏悔，到底是我做错了什么从而导致了这些现象在我的经验里发生，而且我祈求让岳父、岳母、太太的业力经由我而化解，让我来承担这一切家族的业力。当我忏悔完，内在之主立刻回应了我，并以他最神圣的恩典化解了这件事，并且这当中，还增进了我与岳父岳母的情感连接，加强了我与太太的心灵沟通。忏悔时，我也能真切体会到岳父、岳母、太太以及亲人们深深被业力所纠缠的那种无奈的无明的痛苦，而我就是这一切得以化解的源头。

2. 你就是问题的核心——太极法则

人在一生中，无论是家庭、事业、社会关系中都会经历到各种各样错综复杂的问题。可以说人生就是由各种不同类型、不同层次的问题所组成的。人在一生中究竟活得怎样，究竟能活出什么样的价值与意义，就看他以什么样的视角来看待问题、处理问题与解决问题。

有太多的人当面临生命中所出现的问题时，就开始逃避，反正能逃多久算多久，能逃多远算多远。可是，无论怎么逃，因果总是逃不脱的，该是自己受的因果，总会在一定的时间显化出来。还有更多的人则是面临问题时开始推卸，反正除了自己之外，任何人都是问题的制造者。殊不知自己越是推卸，问题本身不但不会消失，反而会越变越复杂。就好比你想推开一堵墙，你用的力越大则墙的反作用力也越大，这就是问题被放大的核心原因所在。

只有极少数的人懂得运用遇到问题时的太极法则。什么是太极法则呢？太极就是大到没有外面，小到没有里面的宇宙万相。而太极法则就是宇宙万相之中最根本、最简单、最单纯的法则。无论你生命中在何时出现了问题，无论你和谁之间发生了问题，无论你在什么地方发生了问题。有一个核心都没有变，你知道那是什么吗？那就是无论发生了任何的问题，你都在那里，你都置身于其中。没有你的存在那些问题也不会存在，所以你就是问题的核心，你就是那个最简单的太极“一”，一旦你明白了这一点，回到你这个源头“一”问题就开始被暴露。

如果检测到自己是问题的核心，你依然无法获得解决问题的途径，那你再次回到你这个“一”的源头。那就是“道”，因为道生一。回到“道”的源头，你就将问题交给道，不断地向道忏悔，忏悔完后，放手让道去接管去安排。此时，问题的转化就开始了。给自己一点时间，给宇宙一点时间，问题得以被解决的灵感就会在你身上显化。那时，你要带着感恩去深深感谢源头的恩典。久而久之你就与你内在之道合一了。

九、生命就是一趟觉醒的旅程

1. 灵修道路的“主与次”——从遗忘走向觉醒

在一次课程的晚餐时，我纯粹以“客观的观察者”在聆听着同桌的几位同学们谈论关于信仰、佛教的皈依以及自己的求道之路。他们仁者见仁，智者见智，各持己见，虽然没有争论却已开始各自知见的论战。回到房间后，引发了我一些思考。当前有太多的人都在追求灵性的修炼，也因此关于灵性的各种课程开始盛行。其中有不少的人已经上过很多灵性课，可是却依然没能真正走在灵性的道路上。这一点不是评判，是对现状的客观陈述。包括我在内，走了这么几年的灵修之路，在这次去印度合一大学回来之后才真正有些明白。

为什么此次印度的合一之行会对我有如此深远的影响呢？世界万物之中，无论是人、事、物都蕴涵着真与假、美与丑、善与恶、主与次，这是不可分割的一体之中的两个面相。同样地，灵性修炼作为一种人间的现象随着人类进化的发展应运而生，它当中也必定包含着真与假、善与恶、主与次。我们都知道什么样的人就会吸引相类似的人、事、物到他生命中来，所以，借着灵性的外衣作为悟道后的“老师”，也只能吸引到借灵修之名作为面具的人。也就是说什么样的老师吸引什么样的学员，同样，什么样的学员也会吸引什么样的老师。这就是我们走在灵性道路上的危险，有时也许我们在举着行善救世之旗，却在做害人误已之恶都不得而知，这就是灵性业力。所以，作为一个想在灵性道路上真正行走，并以余生之力为之奉献者，那我们最起码要具备一点能分清主与次的智慧。凡事都有主与次，《大学》中有一句话："物有本末，事有终始，知所先后则近道矣。"你能够在你所做的事中分清主次，什么该先做，什么该后做，那么你已经在你的领域中接近道了。同样在灵性修炼的道路上也有主与次，主就是占了主导地位的部分，一旦你抓住了主，80%你已经达成了，剩下的20%只需要去做好它、完成它即可。往往在事物的发展中主是内因，次是外缘。内因找到了外缘就很简单了。就灵性修炼来说，何为主、何为次呢？要回答这个问题，要先问问你为什么要进行灵修呢？也许回答会千差万别，但答案中也有主次，其主线万变不离其宗，为了开悟觉醒？为了了悟我从哪里来、到哪里去？

好吧！那就让我们来看看灵修道路上的主次关系。这个主要的线也以四个问题开始：

你在哪儿？

你要去哪儿？

谁带你去？

怎么去？

这四个问题的答案决定了你是否能从主要的点出发走在灵性的道路上。在合一大学时，内在之主在我的内在示现了此图：

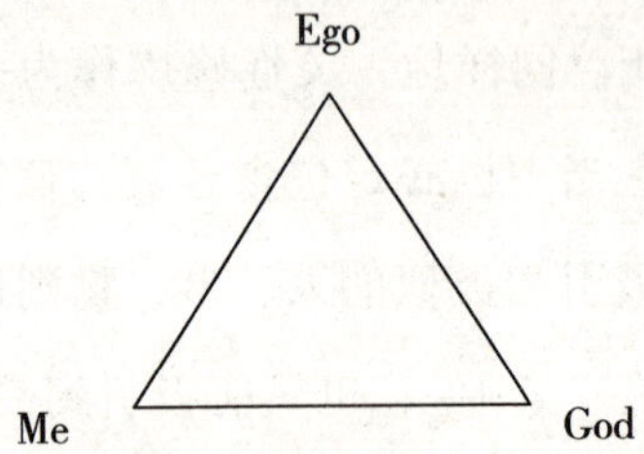

这个图描述的是已经有了第一步觉醒的人的状态，Me 就是我对觉醒的强烈愿望、意图，也可以称为愿力。也就是在觉醒的道路上，你发了多大的愿。这个愿是为了个人的解脱，还是为了家庭或者为了众生，其愿力的层次与程度就不一样。God 就是我们内在自性本自俱足的自性本体，神性、佛性。Ego 就是我们生生世世以来累积的记忆（心智、情绪、业力的综合）。

让我们先来看看“你在哪”，我们可以用下图来表示：

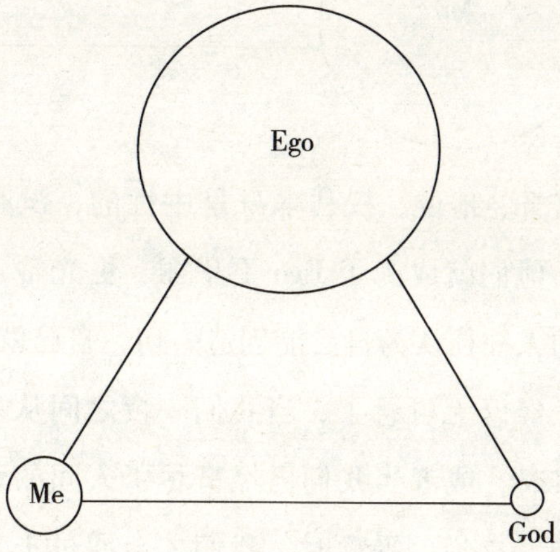

我们都是 Ego、Me 、God 三位一体的组合，只不过是组合不一样而已。地球上绝大多数的人都属于上图所表示的这一类，即把自己当做 Ego 来看待，所以他遗忘了自己的自性本体（神性、佛性）；彻底遗忘了自性本体的人也随即将自身觉醒的意图、愿力给遗忘了。他们活在自己的心智、情绪、业力所编织的痛苦的生命故事之中。这一类人往往觉得自己的一生就是受苦受难的一生，就是作为受害者的一生。

第二类人在自性本体层面能有偶然的连接，不过他们无法觉察到，所以他们会在 Me 这个层面去发展自己，可是 Me 这个层次的意图与愿望往往被强大的 Ego 所利用，被利用的他们会去无限地追寻成功、财富、名誉、地位、权利。我们可以用下图来表示。

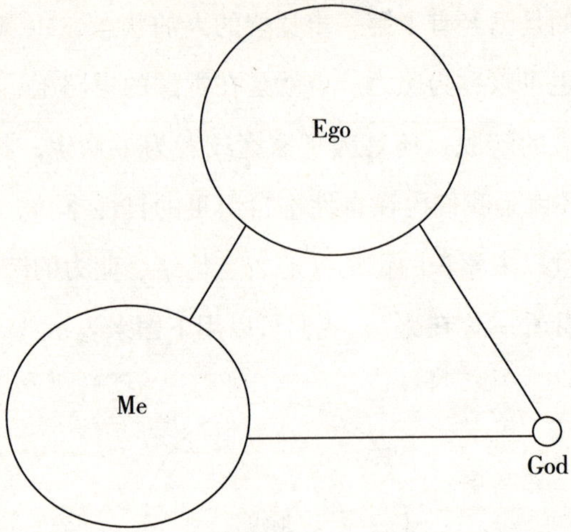

成功、财富、名誉、地位、权利本身是中性的，没有所谓的好坏。可是一旦被 Ego 所利用，他们就成为了 Ego 更华丽、更光耀、更能长久生存的外衣，处在这个阶段的人往往认为自己能创造一切，自己就是一切的主宰。

当我们对受苦已经忍无可忍了，当我们一夜之间从皇帝变成乞丐，当我们遇到了突然的灾难时，或者当我们已经享尽了人间的荣华富贵却依然找不到内心的快乐、幸福、喜悦、平静时，我们才会回过头来去听一听，那个一直在对我们说话的 God、那个被我们遗忘的 God、那个被我们抛弃冷落却始终与我们同在的 God，那一刻你进入了第三种类型的状态，如下图：

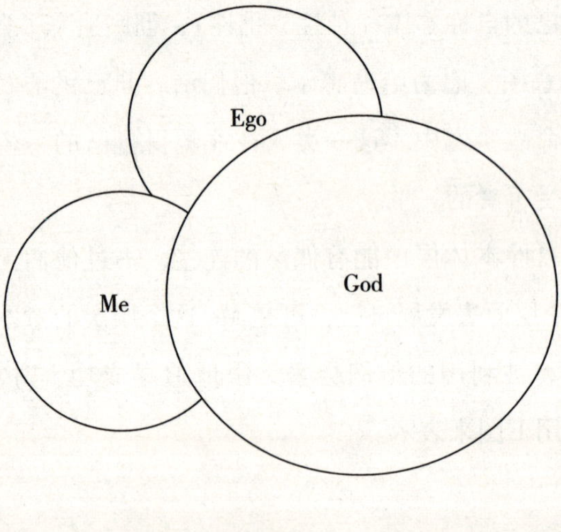

此时，你已明白生命中总有一股力量在引导着我们，但会时有时无、时断时续，好像我们和内在的 God 之间只是单线联系，只有祂有时回应有时对我们说话。

谈到这儿，让我们回头看看“你在哪儿呢”，你处在了这几种类型中的哪一种呢？一旦你明白了“你在哪儿”，那么“你要去向哪儿”就容易多了。其实，你哪儿也不用去，你所处的状态就是分裂的状态、遗忘的状态，你忘了自己的本来目的。你将自己分裂成 Ego、我、神的三者对立的状态，你还遗忘了你内在的神性。所以，**你只是从遗忘走向觉醒，从二元对立走向一元统合、从分裂走向合一**。而所有的这一切都是在我们内在完成的，一旦我们内在觉醒、统合、合一了，我们的外在世界也就从混沌中变得清澈，从对立走向合作，从分裂走向统一。

明白了这一切，对你理解“谁带你去”非常重要。请问，如果你要去喜马拉雅山的某座山峰找某个人，你会请一个连那座山峰具体的位置都不知道，更别说见过那个人的向导来指引你去寻找吗？如果会的话只有两种情况，要么你们花了太多的时间才找到，也许那时你的生命也快耗尽了，要么你们俩同时迷失在喜马拉雅山里。想必你已明白我的比喻，你要从遗忘走向觉醒、从二元对立走向一元统合、从分裂走向统一，那你要找一个什么样的向导呢？当然，我们要找一个处在觉醒、合一状态的大觉者作为向导，而且这个向导还必须是专门引导人走向觉醒合一的专家领袖。为什么一定要找专家后面还要加一个领袖的觉醒者为向导呢？你明白专家意味着什么？在灵性修炼的道路上就有无数的专家，他们在自己所研究的领域肯定是独一无二的。同时，只要是专家，有他专精的一面就会有他不足的另一面。他会以他最专精的那一面来引导你，以专家本身的意识状态走那条路确实可以到达目的地，但是以你的意识状态却不一定能到达。这就好比专家带了你一段路后不见了，你虽然在他的带领下走出了泥沼，可是转眼又迷失在丛林里，这就是当前灵修领域的真相。有太多的人过于依赖专家，上了一个又一个专家的课，好比在一片又一片的树林中转，只不过每一片树林的风景都不一样而已。

向导有五种，第一种是曾听说过你要找的那个人，象征了觉醒的道路上还是停留在知的层面，并没有任何与内在之神亲密的经验。第二种是曾见过你要找的那个人，象征了觉醒的道路上已经从知迈上了经验神的层次，他已从内在经验到了神。第三种是我知道怎么联系他，象征了觉醒的道路上他和神已经建立了双向沟通联系的渠道，只不过并不是每次都能联系上。第四种是我经常和他在一起，象征了在觉醒的道路上他和神已建立了很亲密的关系，犹如家人、朋友一样无话不谈。第五种是我就是他的坐骑、仆人、待从，是神专程让我来接引你的，象征了他已和神合一、神就是他的一切、神就是他生命的主宰。看了这五种向导想必你已经明白了你要谁来做你的向导，关键是还有第六种向导，就是你所要寻找的那个人，他化了装直接来接你上山来了，我就是光、我就是道路、我就是神本身，这些人就好比佛陀、耶稣、奎师那、克里希那、老子、孔子。可是在祂们显化为人的年代，又有多少人真正相信并追随他们呢？直到很久很久以后当祂们肉身回归尘土、意识融进无限的宇宙之后，人们才恍然大悟。今天的 Amma Bhagavan 就相当于当前这个特殊的时代显化在人间的佛陀、基督、老子、孔子；明眼之人，一眼就能明白，当然无缘之人也许要几世以后再回头看吧！

说到这儿，我就要和大家来说一说主要之中的主要，还是从灵修的专家领袖说起。专家领袖就是本身既是专家，同时又是培养专家的专家，他精通于觉悟之路，他更精通于让什么样的人走什么样的觉醒之路。不过他有一个核心的做法异于一般的专家，祂会带你从最主要最主要的那个点入手，让你走向觉醒合一。祂会让你用你的方式体验到你的内在之神，并让你完全信靠你的内在之神，祂会带你走完这一趟旅程。这一趟旅程中的每一步你的内在之神都会引导你，没有内在之神的引导，我们很难穿越 Ego 之内的一片又一片的森林。太多的人就是缺少了这个主要的向导而在灵性的道路上迷失在自我的 Ego 之中。

自从我在合一大学与 Amma Bhagavan 结下了那份生生世世所累积的缘，我才明白了，我终于在穿越了无数片森林快要绝望时，见到了我的内在之神。祂以 Amma Bhagavan 人格化的形态显化出来，Amma Bhagavan 就是这样的专家领袖，祂是同一个意识在两个男女个体中的显化。祂显化为夫妻预示着当前的灵修都是以入世的方式在修炼，而且家就是最好的道场，夫妻就是走向合一的最佳镜子；祂也预示着我们内在的阴阴的统合与平衡。Amma Bhagavan 作为领袖是带着一个团队而来的，犹如当年的佛陀一样有十大弟子，每个弟子都有自身的天赋才华，祂是让所有的弟子以他们自身最专精的一面来教导我们、引导我们，最终让我们与内在之神合一。祂引导我们走向觉醒的方法如下图所示：

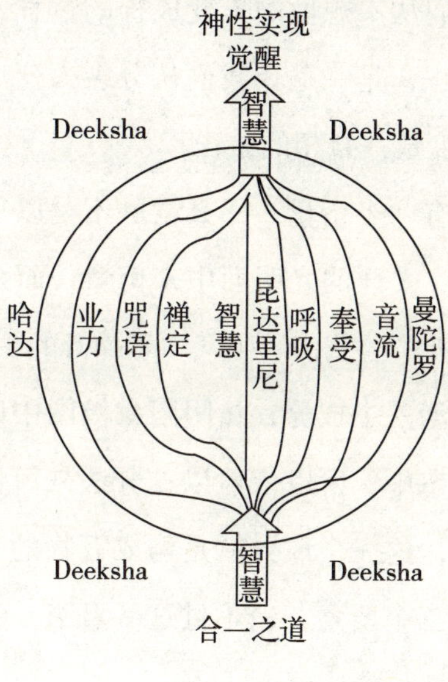

这个图所表示的是从遗忘走向觉醒、从二元对立走向一元统合、从分裂走向合一、从你走向内在之神的十条道路。这十条道路从智慧的教导出发，再经由九条实践之路将智慧转化为经验本身。因为你与自己的内在之神合一的旅程，就是一趟从知到神、到认识神、再到爱上神、直到将自己完全交给神、最终去经验与神合一的亲自去证悟的奥秘之旅。在这一趟旅程中十条道路会同时在你的六个层面的身体上工作，分别是肉体、能量体、业力体、心智体、智慧体与法喜体。而且在你走向自己内在之神这条非常个人化的旅程中，内在之主会给你每一个当下你最最需要的 Deeksha，也就是那份神圣的恩典与祝福！

亲爱的朋友，你能读到这本书绝非偶然，你是被内在之主拣选成为觉醒现象的一分子，你的出现对于这个世界都非常的重要，让我们一起踏上这一趟合一之旅吧！每时每刻都与你们同在！为你送上合一的祝福！

2. 从特殊人变成普通人——觉醒的旅程（一）

觉醒的旅程不是让我们从凡人变成圣人的过程，不是让我们从凡夫变成佛的过程，更不是让我们从不想做的人变成神的过程。觉醒是一趟让我们从特殊人变成普通人的旅程，是一趟让我们从分裂人变成合一人的旅程，是一趟让我们从二元对立人变成一合相的旅程。

如果非得要对觉醒有一个衡量，那么觉醒不是以你有多长的时间处在开心、快乐、喜悦、自在、安详的光明面中来衡量，而是以你能多自在地与不自在、不快乐、愤怒、嫉妒、悲伤、生气、暴躁等的阴暗相处来衡量。

世界万物之中皆蕴涵三个成分，从阴阳太极图中即可看出来。只不过有太多的人处在二元的状态中，所以依然以二分法来解读太极图。其实太极图中已经包含了三个成分，这三个成分就是构成万物的三大要素，在这之前的章节中也曾多次讲过这三个要素。只不过这一章节，我们从灵魂疗愈学的角度来谈论，如：

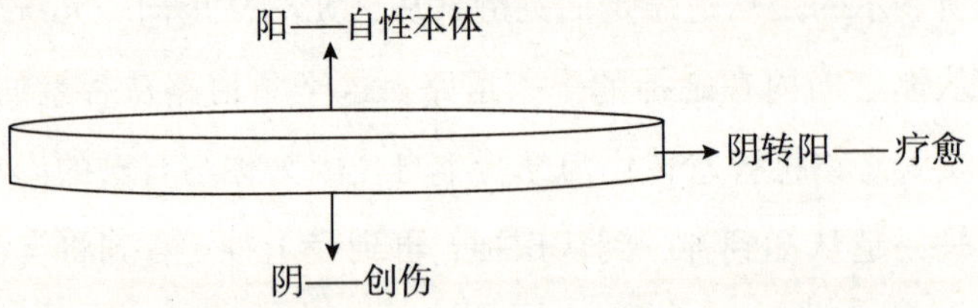

阳代表我们的自性本体，即神性、佛性，阴代表我们从出生前到6岁左右所形成的创伤，然而太极图是动态的过程，永远都处在阴阳转化的过程之中，所以从阴转化为阳的过程即是疗愈的过程。从上图我们可以看出，我们每一个人都是一个小太极，我们既包含了自性本体，也包含了创伤，同时也存在着疗愈的过程本身。当我们拒绝创伤（我们在心理学的层面上通常把创伤称为阴暗面），我们就在排斥我们本身必不可少的一部分，即太极图中阴的那部分。可是你一看便知那是行不通的，当我们拒绝阴暗面、排斥创伤时，我们就同时在拒绝疗愈这个过程。我们只想把阳的那一面留下，想把我们不认可的却始终属于自己的那两部分（创伤与疗愈）分裂出去。从此，我们成为了一个三位一体的分裂人。同样，我们每一个人也都是一枚硬币的整体，正面是阳、背面是阴；即正面是自性本体，背面是创伤，中间带是疗愈本身。我们无法将它们之中的任何一个部分隔裂出去，讲到这儿想必你已明白，觉醒就是接纳自己。我就是这个太极图，接受自己就是接受整枚硬币的所有面相。并在接纳与接受之中去深深地经验自己的每一部分，每经验一部分就会消融一部分，直至成为那一合相。**只有当你完全地接纳了自己、经验了自己，你才可能去完全地经验、接纳你的爱人、孩子、父母。当你完全合一于你的整体时，你迈出了与亲人合一的第一步；当你与你的亲人合一时，你迈出了与他人合一的第二步；当你与众生合一时，你迈出了与万物合一的第三步；当你与万物合一时，你迈出了与宇宙实相合一的第四步。**

每一步，内在之主都会带着我们走！让我们一起上路吧！

3. 与痛苦拥抱，与黑暗共舞——觉醒的旅程（二）

觉醒的旅程不是一趟抛弃痛苦或与所有自己不想要的情境抗争的过程，而是拥抱痛苦的旅程。

觉醒的旅程不是一趟只向往光明硬要将黑暗推走的过程，而是与黑暗共舞的旅程。

觉醒的旅程不是一趟努力、努力、再努力，靠意志力竞赛的旅程，而是无为臣服、信靠于神的旅程。

当你觉醒时，不是再也没有了痛苦，也不是再也没有了障碍的状态，而是你到了一种面对痛苦的高意识状态。觉醒前你的意识状态犹如一只杯子，你意识的空间也只有杯子能容纳的水那么多，只要有一滴墨汁滴进杯中，整杯水都变成了黑色。当你觉醒时，你的意识空间从一只杯子扩展到一口井那么大，当往里面滴一滴墨汁时，它无法污染到整口井的状态。那墨就代表了痛苦，痛苦在你觉醒前后都存在，但是面对痛苦的意识空间扩展了。当然这不是一天两天、一年两年能达到的状态，所以说觉醒是一趟旅程而非一个结果。

当你拥有了这样的觉醒经验，你就为更大的觉醒做好了准备，为迈向最终的神性实现做足了准备。当你的意识从一个杯子扩展到一口井那么大时，你已能够在生活中独善其身了。不过，一旦生活中再次遇到更大的挑战时，或者你想要走出自己去影响更多的人时，一口井这么宽广的意识就再也容不下更多的痛苦与挑战了。所以你还需要往更宽广的意识状态进化，直至进化到犹如大海的意识那么宽广与浩瀚。然而，这一趟旅程不是在努力中能完成的，只要我们还在努力，那我们就还在头脑的制约当中。每当我们还在努力时，就是对我们自己最好的提醒，提醒我们表面上臣服于神，让神的意志主导；可是背地里，我们又在大脑的控制下开始了小我的计划。只有我们意识到了这一点，并放下努力，彻底臣服时，神圣的恩典才会介入并带着我们继续这一趟意识海洋的探险之旅。老子在《道德经》里讲的**“无为而为”，即有所为，有所不为，有为的就是完全彻底臣服于内在之神，无为的就是彻底放下头脑，让神圣恩典介入。**

4. 接受生命如是——觉醒的旅程（三）

觉醒的人，不是人们所认识的神通广大、具备超凡能力的人。

觉醒的人，也不是人们所想象的点石成金，无所不知、无所不晓的人。

觉醒的人，更不是扭转乾坤、呼风唤雨、要什么有什么的人。

觉醒的人，是接受生命如是的人；也就是无论生命中发生了什么照单全收的人。

觉醒的人，不但知道自己该做什么，更知道自己不该做什么。

觉醒的人，只会让生命任其自然地本性如实发生并如实经验，并不去做刻意的努力或干涉。

觉醒的人，明白生命的实相。如果他呈现出小草的形态，它就不会让自己努力长成大树；如果他开出的是平凡的花朵，它就不会假装妩媚妖艳招人采摘；如果他注定是王者之相，它就会以仁慈之剑造福人民，以威慑之剑降妖除魔；如果他注定是侍从之相，它就会臣服于主人，用心侍奉，并以慈悲之心祝福；如果他注定是一个活在红尘中的人，它就会以生活为师，以家为道场，以事业为试炼场，活出自己，也让身边的人活出自己；如果他注定是一个出家人，他就会以天下为家，以国为家，也会在渡众生时证菩提！

5. 觉醒，到底是谁觉醒——觉醒的旅程（四）

睡觉的人是我们自己，是否愿意醒来也完全取决于自己。有的时候，我们蒙头大睡被人喊醒时，我们还心怀怨恨。我正在做美梦呢，干吗要把我喊醒。可是有太多的人即使从睡梦中醒来了，却依然还在程式化的生活，机械化的工作。

觉醒，到底是谁觉醒?

当我们遇到困难时，我们开始拼命地抱怨；当我们身处痛苦的旋涡时，我们也使劲的对抗。抱怨也好，对抗也罢，都是对自己不想要的人、事、物或情境的抗拒。殊不知抗拒越大，痛苦也会随之被强化。

对于没有觉醒的人，就好比自己被关在一个黑暗的囚室，虽然这个囚室非常之大，但却被无限的黑暗充满。但是，这个囚室里面是有灯的，同时也有将灯打开的控制开关。另外，这个囚室也是有窗户的，更重要的是它有一道唯一的门。然而，有太多的人活了一辈子，都不曾有机会打开灯光，更别说是窗户与门了。对于觉醒的人来说，他找到开关按下的那一刹那就是觉醒的开始，觉醒的人就从内在打开了一盏灯，一盏觉知的灯。有了觉知这盏灯，他就会在觉知中清理这个暗室，他会把当中的所有垃圾都清理掉，那些垃圾就好比我们的负面情绪与消极思维。当垃圾清理到一定的时刻，窗户就显现出来了，打开窗户，那来自宇宙的清新能量便开始和你在互动中交换能量。久而久之你会发现，暗室成为了你的殿堂，而且通过那道门你可以进出自由，最终你会发现你本来就一直在家里，你在你身体这个家、家庭这个家、企业这个家、社会这个家、国家这个家、地球这个家、宇宙这个家。此时，你什么地方也不用去，什么也不用再追逐，你会以平和之心去经验一切的发生，任其来来去去，去去来来，如来如去，一切就那么如实如是的发生着，你成为了一个纯粹的观照者与被观照者的合一存在。那一刻对你来说，就没有什么觉醒与不觉醒之分别了，你的存在就是对家、对公司、对社会、对国家、对地球、对宇宙的最好祝福!

6. “回家”就是回到“当下”—— 觉醒的旅程（五）

在灵修的道路上，对世俗生活的厌倦，想追求一种超脱世俗的生活方式，感觉灵修是一种很高尚的行为，想去拯救这个世界，等等。一旦出现了类似这些行为意象，那么就表明这是“我执”穿上了灵修的外衣，戴上了灵修的面具。我执不可能有觉醒的发生，开悟的临在。反过来，我执是觉醒开悟道路上的障碍，要注意是障碍而非敌人。有一句话说得好：**“你无法觉醒，除非你和我执的关系正常化。”**障碍意味着化解、转化，而非逃避或对抗。障碍意味着在你生命中有一些课题还尚未完成，你需要回头去面对，去穿越。而灵修面具，更是我们修行道路上要去面对的大课题。这也许就是“道高一尺，魔高一丈”的现身说法吧！

觉醒的旅程是从“这里”到“这里”，而唯一能达到的时间是“现在”。对于灵修者，有一个词语是常用词，那就是“回家”。回家，回哪个家，回什么家呢？只要有想回家这个心念的人，那就表明他现在所处的状态不是他所想要的家。那么以这样的状态去活，家庭这个家不是家、公司这个家不是家、社会这个家不是家、国家这个家不是家、地球这个家不是家，都不是家了，那什么才是家呢？其实，想回家的人是对现实生活的厌倦，厌倦的真相是对当下的极度逃避。此时，只要你回头，你就会醒悟，原来“回家”就是回到“当下”。无论当下发生着什么，我如实如是的观照着自己，让一切自然的发生。生命就是一系列的当下，觉醒就是从这个当下进入下一个当下，让当下成为我们生命的流，这个生命流就是道。回到当下这个家，你就真的到家了。

回到当下这个家，你身体这个家会成为灵魂的圣殿！

回到当下这个家，你的家会变成和睦天堂！

回到当下这个家，你的公司会成为和顺的殿堂！

回到当下这个家，你的社会会成为和谐的家园！

回到当下这个家，你的国家会成为和平的国度！

回到当下这个家，地球就是人间天堂！

回到当下这个家，你的意识便与宇宙存在天人合一了！

7. 真正的觉醒——觉醒就是中道

一个真正觉醒的人，他的生活状态是什么样呢?

如果用最简单的语言来表达，那就是无论在何种情况下，他都处于“中道”、不偏不倚的状态。

他不会过多执著于出世的无为状态，也不会过多攀附于“入世”的生活。

他不会过多排斥物质欲望的享乐，他会在驾驭自身欲望的同时，适当地满足欲望。他清楚地知道当物质欲望没有得到适当的满足，那只不过是另一极更危险的压抑状态。这一极与对物质享乐成瘾是相对应的两极。

他不会过多的努力去追寻更多的财富、名誉、地位、成功，他也不会过度的排斥对财富、名誉、地位、成功的追寻。只不过他清楚地知道，他的每一个行动都是在内在之神的指引下完成的。财富、名誉、地位、成功只不过是他在行动中的一个个经验而已。

中道在外在显现的就是我们的生活状态，而在内在显化的即是二元对立的消失、分裂的消失、合一的逐步呈现。中道在我们的能量体上显现的就是昆达里尼不再往左右两脉窜动，而是沿着中脉在神性意识的引导下逐步的自然向上流动。这三种状态在宏观与微观层面同时存在着!

8. 真正的开悟——忘掉开悟

真正的开悟是最后连开悟本身这回事都要忘掉。

自从我们成为了人，意识到了“苦”就是人生的构成元素，我们就已经开始了追寻解脱的道路。想通过修行达到我们意想中的某种“开悟的状态”，从此不再与痛苦会面。其实，这是一个很大的误会，也是我们累生累世以来，在我们的潜意识深处所形成的一个根深蒂固的记忆定式。当我们深陷痛苦却又不想面对时，这个记忆定式就会被启动，于是我们便开始妄想有一种“开悟”的状态来让我们得以解脱，从此不再受苦。

开悟是一个从“这里”到“这里”的觉醒的旅程，而非从“这里”要到达“那里”的一个结果。开悟不可能经由一个回避、逃避痛苦的过程而去达成。它需要你进入“痛苦”、深入“痛苦”、去全然地经验“痛苦”，让每一份痛苦在你经验的同时慈悲地观照它。在观照之中，这份痛苦就会进入你的意识之中，并在意识之光的照耀下转化成更深、更宽、更广的觉知。

放下追逐、放下寻觅、放下开悟、放下成道、放下成佛、放下解脱！

让我们在生命中全然地去经验每一个当下的感受，将所有的痛苦与欢乐、悲愤与快乐、愤怒与平静、躁动与安详等所有的感受全部纳入意识的观照之中，这种状态本身就是一种解脱。

你不可能去到你已经“在”的地方，你也不可能达成你已经“是”的状态，你要做的就是醒过来！

第四部分

觉醒的教导深度体验篇

这部分是我第二次去合一大学的15天里的核心教导与体验。如果说第一次在合一大学的意识进化速度用开车来比喻的话，那么这次的意识进化却是以飞行的速度在行进。相信这15天的教导也同样会以惊人的力量与速度推动你意识的进化。

第 14 天：期待与设计都是小我的伎俩——放下期待

时隔 5 个月，我又回到了我灵魂的故乡——合一大学。尽管昨晚在旅途中没能入眠，但是一大早我就和同宿舍的同修们赶往合一大殿。看到合一大殿一股莫名的激动从每一个细胞中开始涌动着并遍布全身。脱下鞋子，光着脚开始一步步沿着台阶向大殿走去，每一步我都觉知着脚是怎么提起来的，又是怎么放下去的，并在觉知中感受着脚落在大理石上的那股清凉感，似乎凉到了心底的最深处。

来到 Bhagavan 的圣像下，我们一一顶礼。面对圣像我坐了下来，静静地看着。当一曲古老的印度音乐响起时，我的眼泪止不住地喷涌而出，一幅幅画面犹如放电影一样在脑海中闪过。我看到自己去年年底从合一大学回去到现在这 5 个多月中所用心去践行 Amma Bhagavan 教导的点点滴滴。我看到了岳父岳母受苦的画面、太太受苦的画面、孩子们受苦的画面、同事伙伴们受苦的画面、全人类正在受苦的画面，以及我面对此却又无能为力很无助的画面。所以眼泪才止不住地流啊，流啊！此时，中国翻译过来传达指导师的话，我今天不能参与在合一大殿的活动。只能从明天的课程开始。我请翻译转告指导师，这是我上次走之前就和中国区负责人维地亚卡申请并同意了的。可是后来他们依然坚持不能破例，每个周为一个学习单元，只有前六天的准备才能进行第七天的过程。起初我一直想坚持，毕竟我已经为此牵挂并努力了 5 个月之久了。后来我突然意识到，这就是内在之主的安排，祂要通过这件事传达什么样的信息与教导给我呢？带着疑惑与遗憾我辞别老师同修，不舍地走出合一大殿。

天空的云被初升的太阳映射出红色的笑脸，我急忙拍下了一张照片。当车送我回第二校区时，我看到了那刚刚初升的太阳，伴随着五彩的云朵以及飞过的一群鸟，那种美无法用语言表达，可惜没来得及拍下一张照片，只有永远将那一瞬间的美映射在心灵深处。回到校区急忙去抓拍，已不再是刚才的景致了，所以当下就是这种每时每刻都呈现着自己的美，错过了就永远流失了，唯有用心去经验每个当下才能与当下的美合一。

这一刻我突然明白了今天内在之主的特殊安排，在我的人生中总会有一个被我设定好紧抓不放的期待。我认定那个期待就得按我的预想发生。可是，这已经是小我的伎俩了。**以小我为出发点的期待，永远是一个没有尽头的追逐。只有放下期待，顺其自然才能让该发生的如实发生**。没有谁会比内在之主了解当下的我是什么样的状况，这种状况最适合什么在当中发生。**我终于体验到，放下所有的设计与期待，才能真正臣服于道，才能让道抱着自己走**。所有的期待与设计都是小我的伎俩。如实如是的自性本体，无须任何的设计与期待，祂只是在观照而已！

就让这一切静静地流淌吧！

犹如那窗外的风，沿着你来去的方向自由地吹动着！

犹如那树上的小鸟，顺着你的鸣唱悠闲地飞舞着！

犹如那辣辣的阳光，依着你的观照如实地寂照着！

第 15 天：受苦就是逃避受苦——痛苦的意义

Bhagavan 说“**能称之为受苦的就是逃避受苦**”，这句话很撞击我的灵魂。

20 多年以来，觉醒一直经由剧烈的偏头痛在呼唤着我，但我一直在逃避这份来自肉体层次的剧痛。因为每一次疼痛都伴随着头部右脑的静脉曲张，一直要持续24小时，疼痛才会逐渐退去。出于对这份剧痛的恐惧，我一直处于害怕引起头痛的事件发生，比如不能用凉水洗脸洗头、不能被风吹到、不能熬夜、不能劳累、不能生气等。这些担心害怕深深扎根于潜意识深处，一旦有以上类似事件发生，潜意识就会传达“又要头痛了”这样的指令，于是我“心想事成”的开始头痛了。越是这样，我越是深深陷入对头痛的恐惧之中。其实今天我才发现，让我受苦的不是头痛本身，是我对头痛的恐惧而采取的逃避。

在去年年底来合一大学之前，已想尽一切办法企图疗愈头痛，原来那是在想尽一切办法逃避头痛，但没有一次得逞，每一次都陷入更深的痛苦。从肉体层次的剧痛转化为心理层次的受害，然后便以情绪化的模式对身边的人展开攻击，尤其是我的太太因为这个痛苦的逃避而被我攻击过多少次啊！

当去年年底结束了前两周的课，开始回去实践后，效果真的不同凡响。当头痛来临时，我什么也不做，只是静静地去经验它，去感受那份疼痛所带来的感受。有时我也会问它：“亲爱的，你要告诉我什么？感谢你这么多年以来，不断地在提醒我。”当我这样去做时，疼痛的时间缩短了，从原来的24小时减少至7~8小时，直至现在的3~4小时。真的应验了Bhagavan说的那句话：“任何你彻底经验的都会转化成极乐。”是的，每次我去接受剧痛过后，所带来的是一份又深、又宽、又广的静谧。

今天是第三周课程的第一天，我也正在经验着头部的些许疼痛。无论吃饭、睡觉我去经验并感受着疼痛，直到写这个主题前，我一个人静坐着并观照着这份疼痛，它越来越淡甚至转化成促使我写这篇文章的冲动。原来这就是佛陀讲的：“**烦恼即菩提**。”今天我要加上下半句：“**痛苦即极乐**。”这一切刚好就是本周的教导“**觉醒的人允许事情按照自己的方式发生；没有觉醒的人试图让事情按照自己的方式发生**”。既然疼痛来了，就让它以自己的方式发生着，它会在接纳与观照中转化成极乐！既然烦恼来了，就让它以自己的方式发生着，来来去去，它会在观照中转化成般若！

第 16 天：觉醒道路上的大障碍——操控

在今天的禅定瑜伽练习中，我觉察到了在我觉醒道路上的大障碍——操控。操控的另一面是什么呢？是臣服，对神性意识的彻底臣服。

在这之前，我以为自己在臣服的道路上已经做得很好了，我已经臣服了内在之主，我已臣服于某些人或情境了。可是今天的练习让我惊讶地发现，在我表面臣服的背后还有一些操控存在。**真正的臣服不是指对某个人、某件事、某个情境、某个意象的臣服，而是对每个当下所发生的事如实如是的去接受、经验、面对。**神性意识就存在于每个当下的发生中，对每个当下所发生的一切臣服才是对神性意识的臣服，这是给我很大撞击的一个发现。

为什么我觉察到自己并没有完全臣服，并且还有一些操控的存在呢？我身边最亲近的人就是我的一面面觉察的镜子。自从小侄女恬恬开始和我们生活在一起，从喊我们姑父、姑姑到喊我们爸爸、妈妈以来，随着亲密关系的靠近，问题也越来越多。尤其是我总看不惯她每天放学后要做作业至 9 点多钟，既影响自己也影响全家人的休息。所以我开始反感她的慢，无论吃饭、做事总要比别人慢半拍。为此被批评过多次，我开始发觉她有些惧怕我了。这一次我才深深觉察到，这是我对她的操控，是我对她本来就是如此的不接纳与抗拒，让我感到不舒服。其实恬宝宝反映的却是我内在对自己不接纳的一部分。

除此之外，我对岳父岳母教育侄女的方式也非常不满意，也想通过操控他们来按照我的意愿让每一件事发生。这就是我对岳父岳母本来就是如此的不接纳与抗拒，也就是这份不接纳与抗拒让我感到痛苦。另外，在欢欢乐乐（两只宠物狗）身上我也觉察到了我对它们的操控模式。我试图让它们听我所有的话，喊过来就过来，喊躺下就躺下，喊坐着就坐着，只要有不听话的现象，轻则关起来，重则会被打。虽然，自从一个月左右就抱来养，我就像它们的父亲一样，可是除了这份亲密的情感外，它们对我更多的是一种恐惧。

这些场景，内在之主一一给我展现，祂让我看到了觉醒道路上的这个大障碍。我流着忏悔与感激的眼泪，不断地内省着。并向内在之主祈祷，在我的内在做些工作转化这个模式。忏悔的是因我的操控对恬宝宝、岳父岳母、太太、冲宝宝、欢欢乐乐的伤害；感激的是他们在我生命中的出现并成为一家人，来推动我在觉醒道路上的进程！

第 17 天：“接纳”来自你的自性本体——接纳性

你的接纳性有多宽广，你的意识就有多宽广。如果说意识是精微的能量场域，那么接纳性就是这个场域的空间。这个空间到底有多大呢？宇宙有多大，这个空间就有多大。宇宙无所不包、无所不容，这个空间也是无所不包、无所不容。如果用太极来定义这个空间，那就是大到没有外面，小到没有里面。这就是宇宙本来如是的接纳性，也是一个人真正进入觉醒的意识状态的接纳性。当我们还是一个个体意识时，我们就像一滴水，只需一点墨汁这滴水就被彻底污染了。当我们回归到宇宙这个大海的意识空间时，犹如一滴水融入了大海。这滴水不见了，它成为了整个大海。我们回归宇宙意识时，也就是“我”消失，完全融入宇宙意识的时刻，这就是完全觉醒的意识状态。我不见了，我成为了整个宇宙意识的场域，我消失在了那无所不包、无所不容的接纳性之中。所以如果要去衡量一个人觉醒的程度，只需看他对内外在世界所发生的一切的接纳程度即可见分晓。

写到这儿我全身在打冷战，原来自以为是的那份觉醒，此时此刻，才是一个入门汉的开始。就以接纳性来检测自己，我顶多就是一滴水融进了一盆水而已，离那个宽广无边的意识之海还远着呢。在“操控性”这一文中，我说到很多关于我对身边最亲近的人、事、物的看不惯，其实看不惯就是不接纳，不接纳什么呢？**真相是：让我感到不安的不是对方，而是我在对方的身上所看到的自己**。其实，我对外在任何人、事、物的不接纳，就是对自己某些部分的不接纳。只要不接纳还在，那个“我”就还存在。这就是在接下来的人生道路上，我还要不断精进觉察、了悟的部分。让我在这条道路上时刻提醒自己：

接纳你本来如是的长相；

接纳你奇迹般的身材；

接纳你目前所处的位置；

接纳你目前的身体状况；

接纳你眼前的名誉地位；

接纳你各种关系的状态；

接纳你所走过的过去；

接纳你的情绪；

接纳你的现状；

接纳你已经发生过的，正在发生的和即将要发生的！

在接纳中向内在之主祈祷，以臣服加信靠之心让道抱着自己走。在行走的过程中，能改变的，内在之主会赐予你勇气去改变；改变不了的，内在之主会赐予你平静之心去接纳；同时，内在之主会在心里告诉你如何去分辨这两者的智慧。

你要记住：“接纳”来自你的自性本体（神性，佛性），祂是慈悲、爱、喜悦品质之花的盛放；“抗拒”来自你的头脑，它是分裂、对立、二元的自我保护！

第 18 天（1）：唤醒内在小宇宙的十二项品质——拜日式

任何熟悉的事物中，都有我们所不熟悉的部分存在。去年从合一大学回上海开始练习“拜日式”瑜伽，几乎风雨无阻每日必练。这次再回到合一大学，总以为对“拜日式”已非常熟练精通了，可是今天指导师一讲解才发现我还是个门外汉。

拜日式虽然简单，才有十二个体位，可是每个体位都蕴含着修行者的一项品质。**透过拜日式我们要与太阳神建立连接，只有与太阳神的意识连接上了，才能与内在的神性意识连接。太阳神能帮我们唤醒内在小宇宙的十二项品质，这十二项品质能引领我们走向自己内在的神性意识，最终与祂合一**。

第一个体位从祈祷式开始，这是很庄严神圣的开始，代表我们一天美好的起程。祈祷式的咒语“OM MITRAYA NAMAHA”表示的就是“我最亲密的朋友，我向你致敬（祈祷祝福）”。通过体位、唱诵、呼吸与最亲密的太阳神朋友建立连接。

第二个体位是展臂式，其咒语为“OM RAVAYE NAMAHA”，就是在展臂的体位中告诉太阳神是最值得被赞美的。

第三个体位是前屈式，就是在表明太阳神是我的指导师、明师，是祂指引着我从过去走到现在，也将指导我从现在走向未来，每时每刻都受太阳神的指引。

第四个体位是骑马式，就是在向太阳神宣告，祂就是我内外在的美，我世界中的一切美都是太阳神的创造，太阳神就是一切美的赐予者。

第五个体位是山式，也是所有体位中最有挑战的，这个体位最能刺激到感官系统。所以太阳神是我感官的刺激者，为的是通过刺激让我变得更敏锐，敏锐会给我带来觉知觉察的品质。

第六个体位是八体投地式，是在表达太阳神是我生命的滋养者，接下来的体位列举如下：

第七个体位是眼镜蛇式：太阳神是我的创造者；

第八个体位是山式：太阳神是我的守护者，是一切内外在疾病的摧毁者；

第九个体位是骑马式：太阳神是我的启发者；

第十个体位是前屈式：太阳神是我的净化者；

第十一个体位是展臂式：太阳神是我的光耀者；

第十二个体位是祈祷式：太阳神是我的觉醒开悟者。

当你静静地、用心去体味每一个体位，你会发现每一个体位都会让生命的艺术之花在你体内绽放。你会体悟到你体内有一个空间在慢慢被拓展、被延伸。你会觉察到细胞与细胞之间有间隙的空间，思维与思维之间有间隙的空间，最终你会发现密度看起来如此之大的身体内竟然存在这么多间隙的空间。这就是神圣的空间、这就是神的居所、这就是神性意识的渗透、这就是我们本然存在的小宇宙。它与宏观的宇宙本无二至，身体细胞之间的间隙就是大宇宙中星球与星球之间的距离，宇宙之神的神圣意识就充满在这些空间之中。祂大到没有外面，小到没有里面。

这就是拜日式引领你从小宇宙回归大宇宙的神圣旅程。

第18天（2）：为了更大的利他而祈祷——神迹

这次的神迹让我觉察到，表面上我很信任神，并且让神的意志来接管我的意志，可是真正落实到行动上时，我又开始了小我的计划。这就是内外在的不一致。

这次的神迹是什么呢?

因为公司正在筹划上市，需要我本人的身份证才能办理相关手续，而且时间非常紧急，必须在5天之内把身份证邮寄到公司。怎么办呢？我的英语讲得很一般，怎么能让合一大学办公室的人了解我的状况呢？当我很无助时，我向内在之主祈祷，请祂示现奇迹。我边祈祷边无助地来到女生宿舍楼，当时正好是休息时间。哪里去找中国翻译呢？可是当我刚好走进女生宿舍楼时，翻译就走出来了。我说明了情况，她带我见了相关人员把地址写好。可是合一大学离钦奈市还有两个半小时的车程，当时又没车前往钦奈。后来只有从钦奈喊车过来，所以无论如何当天是寄不出去了。我只有不断祈祷，但就在这个过程中，大脑编造出很多理由来，让我感觉很难邮寄成功。当杂念跑出来时，我又祈祷让杂念转化。就这样我完全放手，我坚信内在之主会安排好一切的。

第二天晚上翻译告诉我，昨天司机到机场时，刚好就碰到了本次到中国合一团的领队李思坤老师，就请她将我的身份证带回国内，再从北京寄往上海。本来思坤老师早一天就回国了，但不知怎么阴差阳错的她又在印度多待了一天，这件事就是这样被内在之主精心安排设计的，这就是这次发生在我身上的神迹。

当我回想整个祈祷过程时，我发现有一个细节非常重要，那就是祈祷的原因是为了谁。**当为了更大的利己而祈祷时，回应会很慢或无回应；当为了更大的利他而祈祷时，回应会非常迅速**。在这里因为保密原因，我就不细述祈祷的整个过程及原因了。总之，我是为了更大的利他并以深深感恩之心在祈祷，所以内在之主如此迅速地回应了我！

第18天（3）：生命是学习的过程——如实如是

今天的JAPA YOGA是“生命是学习的过程”，这个教导曾多次学习过，可是今天才真正地把学习转化为我内在的实际经验。由于头脑的习惯性反应的制约，刚开始我只是机械地在念诵这句话，到了舞蹈时感觉不一样了，有一个显现的场景是 Amma Bhagavan 在我周围旋转。舞蹈期间我已全然忘我，严格讲已是舞蹈本身在舞动我的身体了。当最后几分钟静静地坐着，那婉转的印度本土旋律唱响时，一股来自最深层的感动喷涌而出，眼泪也随即奔涌而来。紧接着一幅幅画面犹如电影胶片一样在头脑中播放，几乎把我所有人生经历的画面都播放了一遍。祂让我看到了在**我生命中出现的每一个人，都是为了推动我走向觉醒而来的**，那一张张可爱的笑脸、那一场场误会、那一次次被我误解的画面一一呈现，是他们成就了我的现在。

后来画面从人转向了物，转向了鱼、木、花、草、虫、河、海，每一样东西无一不是来教导我的，而且那一份刻骨铭心的经验历历在目。带着这份体验，我开始去经验喝水时的每一个细微的感觉；去经验行走时，脚是怎么起步的，又是怎么落下的；去经验每一张可爱的同学的笑脸；去经验洗澡时，那流水经过每一个细胞的感觉；去经验吃每一口食物的感觉。就在吃晚餐品味每一口食物时，脖子后颈部位有些发痒，我就本能地将手放上去抓，抓到了一只小蚂蚁。我一看发现它后半身也许被我弄伤了正在挣扎着，那一刻我突然发现我是多么机械化的无意识反应才会这样的。接着我把它放在地上，它一直在挣扎着；突然间我感到那不是蚂蚁，它就是内在之主的化身，祂化身成蚂蚁并被我无意识地弄伤来提醒我，让我去觉察还有多少的无意识行为的存在。想到这儿，一阵感动涌了上来，我带着忏悔与祝福的心看着正在挣扎的蚂蚁，我也无能为力，无法帮它。我边吃饭边向内在之主祈祷，让这只慈爱的蚂蚁快点康复过来。过了一小会儿，当我再看它时，它已经在地面上正常地爬动了。看着它自在的爬动着，我突然明白内在之主通过这些场景在教导我，要我在生活中如实地去经验一切的发生。**不只是觉察，而是要全然地去经验，把每一个当下的发生变成自己的经验。只要在每一个当下将谦卑、开放的心注入其中，这就是和当下所发生的一切的合一体验。**

记住：所有已发生的、正在发生的、即将要发生的，都是为了让你学习、成长、净化、进化。你只是在神性意识的引导下去如实地经验这所有的一切！

第19天（1）：宇宙中除了神还有什么（一）

“宇宙中只有神，除了神之外还有什么呢？”

一句破天荒的话突然从天而降，那一刻我感觉我的内在好像瞬间一切都停了下来，除了突然升起的这句话，一切寂静。紧接着一股前所未有的感动从心轮处涌动而出，眼泪可以说是喷洒而来的。我把手放在胸口上，那一股强大的能量一直在涌动。此刻宇宙万物，大到银河系之外的星系，小到蚂蚁，甚至电子、量子的一幅幅画面快速地在脑海中闪现，那一刻，我感受到**宇宙间没有一样东西不是神所创造，也就是说宇宙间没有什么不是神，没有哪里不是神的住所，没有哪里没有神的足迹**。

《瑜伽经》里讲过，宇宙这个“一”由三个部分构成，如果以神冠名就是：创造之神、毁灭之神和守护之神，这三个神不是三个独立的个体，而是同一个硬币的三个面向：

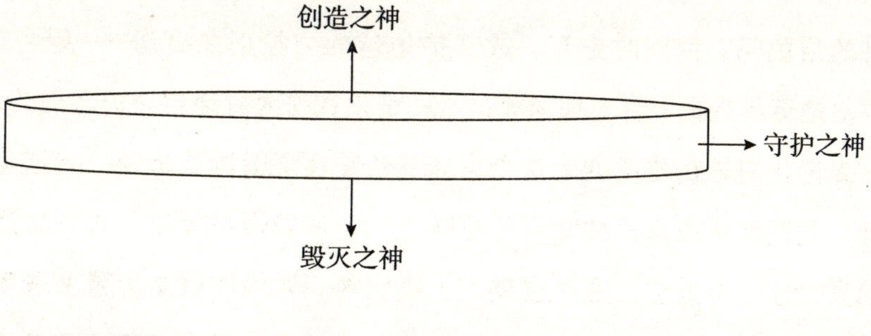

这也是构成宇宙的三种元素。宇宙自从创造以来，就是以创造之神的意识不断地扩展延伸，这一点科学界用量子物理学有所论证。我们知道宇宙是向外延伸的，那么相对地就有一个向内的阻力，这股阻力就是毁灭之神，如果宇宙只有创造之神的创造力和毁灭之神的阻止力，那么当这两个力均等时，宇宙就呈静止的空寂状态，这是宇宙创生之前的状态。所以宇宙要向外不断地创造延伸，这时就会有第三个元素的介入。这第三个元素就是守护之神，守护之神总有一股推动力量存在。只有创造之神不断地向外扩展，守护之神不断地给予推动的助力，那么这两股合力才会在远大于毁灭之神的阻力的状态下不断地让宇宙延伸。当然每时每刻这三股力量都同时存在，缺一不可，这就注定了宇宙中所有的一切都必然具备这三个要素。所以老子《道德经》讲的道生一、一生二、二生三、三生万物，就是说那个无法用语言描述的道创生了“一”这个神性意识，神性意识“一”又创生出阴阳两种特质，即希瓦和夏克提、男神与女神。宇宙是动态的，要么是阴转阳，要么是阳转阴，这个“转”就是第三个元素，这就是二生出的三。就这样因为宇宙中有阴、有阳，有了阴阳互转，于是宇宙万物就在阴阳互转中化生了。

以上讲的都是这个大到没有外面、小到没有里面的宇宙的三个元素的状况，现在来说说地球万物的三个元素的状况。地球自创生以来，也是因为这股神性意识的创造力让它不断演变、进化，然而这个进化过程中地球也不知受到多少阻力。远的不说，就眼前来说，地球在进化的同时是不是也正在受到一股无形的摧毁之力的影响呢？比如人类对地球资源无止境的掠夺导致的诸多自然灾害——海啸、地震、风灾、温室效应等。这些不正是在扮演着毁灭之神的角色吗？但同时也有一股守护地球的力量正在出现——绿色环保、宗教界对地球的祈福、合一现象等，这就是正在扮演着地球守护之神的角色。所以，无论我们是在建设创造这个星球，还是在摧毁这个星球，或是守护这个星球，我们都是在这三种元素的范畴之内。所以通过反对，你无法让毁灭之神消失，你的对抗越大阻力也越大。我们唯一要做的就是让越来越多的人成为守护之神，当守护之神的力量与创造之神的力量远大于毁灭之神的力量时，地球就会往高等意识进化，反之就会被毁灭而成为像诸多行星一样的死寂的星球。

讲到这儿你总该明白“合一现象”对于人类的意义了吧！其实 Amma Bhagavan 从某种意义上讲，祂就是守护之神威湿努的化身——阿凡达，所以参与到这项运动的觉醒者都是守护之神，守护之神的存在就是为了转化毁灭之神。记住，不是消灭祂而是转化祂，因为祂本身就是构成我们的三要素之一。这也就是**在觉醒的道路上，不是要从你的生命中去除些什么东西，而是去觉知它并带着神圣的恩典转化它**。这就是 Amma Bhagavan 说的：“你彻底经验的最终转化成极乐!”

第 19 天（2）：宇宙中除了神还有什么（二）

神性意识的这个“一”存在，是宇宙中一切的源头，也是归宿。我们用图中的圆点“·”梵语称为“BINDU”——宾度来表示。上文中谈到神性意识“一”包含了三个元素，并以三种力量呈现于宇宙万物中，即创造之神、毁灭之神和守护之神，在图中我们用三角形来表示。这三种元素本身不会产生什么力量，祂得经由媒介才能发挥其相应的特性。以人类来讲，这三种元素是透过我们人类共有的头脑来发挥其作用的。在图中我们用大圆来代表人类共有的这个脑。这三种元素作用在人类头脑上就产生了三股力量，即创造之力、毁灭之力和守护之力。当然，这三种力量在不同的时期，其中某种力量会占先导地位，其他两者就会弱一些，但这三种力量是一体的三个面相。所以其中一个变化，另外两个必然跟着变化，一种力量加强了，另外两种力量也会随之加强。因为宇宙就是平衡的存在，这三种力量永远维系着这个宇宙的平衡。当表象上的创造之力很强大时，其实已经在另一面暗中酝酿着相对等的毁灭之力。同样，看似强大的毁灭破坏之力，也在催生着创造之力和守护之力。

以近代人类历史发展来看，19～20 世纪所爆发的战争，已对人类造成了

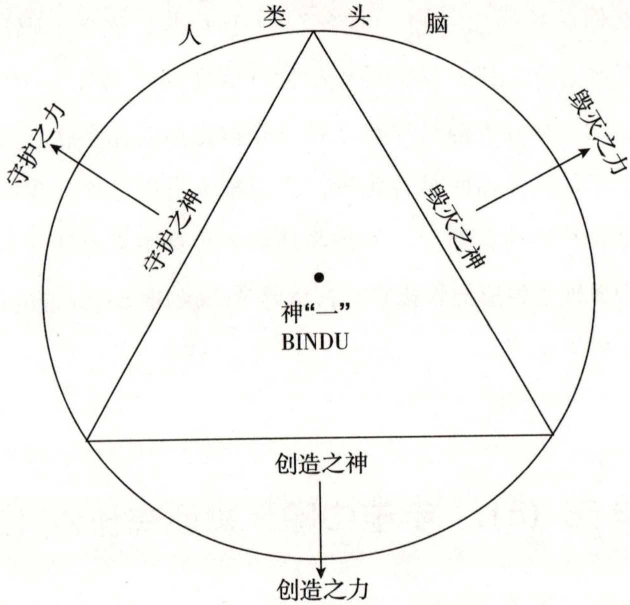

相当巨大的毁灭之力。可是另两股力也正在悄悄酝酿，就在战后的近几十年里，世界的科技发展之迅速正是在创造之力与保护之力的推动下进行的。《易经》中讲道：物极必反。当一股力量强大到不能再大的时候，另一股相反的力量就会出现；当今的世界物质文明、科技如此的发达，可这背后却忽略了精神、灵性元素的和谐发展。因为当前的科技发展，足以让地球毁灭几十次了，宇宙为了平衡这三种力，接下来另两种力量会被加强。一股就是毁灭之力，这股力是毁灭之神透过未觉醒的人的大脑所产生的无意识的毁灭之力，比如，地震频繁发生、海啸、火山、风灾、瘟疫等。另一股就是守护之力，这股力是由少数的先觉醒的人联合共振所发生的力。**觉醒的人已经从头脑的制约中解脱，这些人已经无法被宇宙的三元素所控制，因为这三种元素只有透过人类大脑才会发生作用**。所以觉醒的人已回归到了宇宙意识"一"的状态，他们的存在就是这股守护之神的力量。这也就是为什么 Amma Bhagavan 一直强调为了 2012 年全球需要有 70000 个觉醒的人存在的原因。就是要让毁灭之神的力量不断强大的同时，这股守护之神的力量也要随之加强，只有这样才能维系宇宙的平衡。这里讲的宇宙只是大宇宙中地球所在的这个小星系而已。

第19天(3)：你所有的领悟都是神的路标——Bhagavan达显(一)

当一个人慢慢回归简单之后，就不会太在意已经过去的事，也不会太期待未来的事，而是更多的去享受当下，把自己全然的交付给当下。课程已经第五天了，我也没问接下来的课程安排，只一心投入去体验每一天的教导。昨天老师提示过 Bhagavan 会给我们达显，我习惯性地以为是视频达显。中餐时我还不断地祈祷，这次 Bhagavan 能见我们一次。直至下午上了车要去大殿的路上，翻译才告诉我这次达显就是 Bhagavan 的亲自接见，不是视频达显了。我一下子愣住了，这个惊喜也来得太突然了。从那一刻起，我就一直期待着与 Bhagavan 见面。我们上完奉爱瑜伽后，就开始等待 Bhagavan 见我们的时刻，总觉得这个等待太漫长了，其实还是太过期待没活在当下的原因。

终于指导师来喊我们安静入场了，怀着虔诚、恭敬、感恩、好奇之心步入了会场。第一眼就看到 Bhagavan 坐在圣台上一一地与我们目光对视。那一刻，我好像见到了阔别已久的老爸一样的激动，流着眼泪，双手在颤抖着。坐下来后，我一直盯着 Bhagavan 看，一刻也不想把目光从他身上移开，很想看看祂到底与我们有什么不同。其实这又是大脑的伎俩在作怪了，接下来 Bhagavan 一一回答了来自各个国家的学员们的问题。让我震惊于 Bhagavan 的聆听与对问题一针见血的回答，这当中既有当头棒喝，又不失让人捧腹大笑的幽默风趣，而且在祂回答问题时看到了那份笃定，我就是存在的笃定。祂让每个学员坚定了自己该去做的、经验的必定得由自己去完成，该由祂在我们内在帮我们完成的，每时每刻都在进行着。同时我看到坐在 Bhagavan 身旁的四位指导师在上师面前的那份臣服、喜悦、自在，让我联想到《西游记》中坐在如来佛身边的菩萨护法，他们也是那样的满足、喜悦、自在。我们多幸运啊！在这个末法的时代，两千多年以前的场景，又在合一大学的今天呈现了。不同的是两千六百多年以前人们追随佛陀更多的是那份单纯与自然，而今天的人却多了一些傲慢与无所谓。所以我能感觉到 Amma Bhagavan 作为现世佛的难处，只比当年的佛陀有过之而无不及啊！

我也不知道为什么每一次提问时我都很少提问，这次见 Bhagavan 之前却有一个念头让我提问。提问的问题就源于上午智瑜伽指导师教导时，突然在我的内在闪现的一句话："在宇宙中除了神还有什么呢?"当时这句话出现时，心中出现了一种莫名其妙的激动；指导师让我们静静地思考时，这份激动还在不断地流淌着，不知流了多少鼻涕眼泪。前两篇文章就是源于这样的震撼而写出来的。我在给 Bhagavan 的纸条上写的就是这句话，一是凭感觉写下的这个问题，二是小我想证实一下，我对这句话的理解与描述。当轮到回答我的问题时，Bhagavan 第一句回答就是："宇宙中除了神之外，再没别的。"此时我终于感悟到了伽叶因佛陀拈花一笑时的心境了。不过正在有一股得意的能量升起时，Bhagavan 后面说的话又给了我当头一棒。"**你所有的领悟都是神的路标，被你看到了，更重要的是你要沿着这个路标去经验路上所发生的一切，那么你才真正成为了这个领悟的实相。**"在 Bhagavan 回答完我的问题后与我对视的眼神，那就是在见到 Bhagavan 之前每一次在内在所看到祂的眼神，刻骨铭心。这个眼神既有慈悲，又有欣慰，还有警醒。慈悲的是祂一直在感受所发生在我身上以及所有众生身上的苦；欣慰的是他看到了一路上我以及同修们的成长；警醒的是千万要记住"道高一尺，魔高一丈"，每时每刻都要觉知检测自己的身口意。

时间很快的流逝了，结束的时间就快要到了。我们向 Bhagavan 顶礼！起身后我们边退步边向 Bhagavan 道别，那份不舍难以言表，那份感恩也无以言表。Bhagavan 一直用那"慈悲、欣慰、警醒"的眼神看着我们每一个人一一离场。祂又回到存在中继续为更多人的觉醒而工作，我们则继续接受着神圣恩典的 Deeksha！

看着西下的夕阳，如此之美！祂就是 Bhagavan 的笑脸，那存在的笑脸！祂再一次告诉我们：

清晰是从困惑中升起的！

清明是从混沌中升起的！

白天是黑夜之后到来的！

春天是冬天之后来临的！

这就是觉醒的旅程中我们所要去经历的！

第 20 天（1）：让一切该发生的事自然的发生——神之手

神之手一直都在那里，透过每个人、事、物来指引我们。神在我们生命中有祂做事的方式，我们无法知道，也无法理解。犹如身体的一个细胞无法理解身体的运作系统一样。**我们并不总是以自己期待的方式得到神的回应，神最清楚以何种方式回应你是最适合于你当下现状的**。也许你期待神让你以坐飞机的速度成长、进化，可是神知道你的各个零部件根本达不到飞行的条件，所以祂会让你以坐拖拉机的速度成长。往往这种时候，我们就开始抛弃神。

在古印度发生的一件事，会让你更明晰你和神之间的关系，也让你能更理解神并不是你以为的那样。在一座神庙里有一个扫地的慈祥老头，他每天扫地总看着站立的神像。所以心里就想，祂们为什么不坐下或躺着，成天站着多辛苦啊！于是他就对着一尊庄严站立的神像虔诚地说："神啊！神啊！如果我能替你站立的话，那你就可以休息休息了。"神回应了老人家："好啊！你可以来替我站一段时间，不过你要记住一个原则：无论你看到什么，都不要去干涉任其发生，能做到吗？”老头答应了。

过了不久，当老头成为神像站在那时，来了一位当地很富有的商人。商人放了一点钱在神像前作为布施，然后开始向神祈祷今后让他赚更多的钱。商人祈祷完后起身走了，但他把钱包忘在了垫子上。老头此时很想去提醒那个商人丢钱包了，后来想起神走时的嘱咐，他忍耐住了。过了一会儿，来了一个附近村庄里很贫穷却很虔诚的村民，他向神祈祷帮他渡过眼前的生活危机。当他起身时，他看到了那个钱包，打开一看里面有很多钱，村民感到神这么快就回应他的祈祷，顶礼后拿着钱包走了。这时老头又按捺不住了，他很想对那村民说：“那不是神给你的，是你之前的那个商人丢的。”此时，他又想起了神的嘱托，他又忍住了。第三个进来的是一个渔夫，他向神祈祷明天出海能有大收获。刚祈祷完毕，那个富人带着警察来找钱包了，这个渔夫就被误认为是捡钱包的人，但他拒不承认，警察就要把他关进监狱里去。此时，这个老头在一旁再也无法忍下去了，他忘了神的嘱咐。开口说：“那钱包是被一个村民捡去的，跟这个渔夫无关。”于是他们放了渔夫找那个村民理论去了。

太阳落山前神回来了，问他站在这作为神的感觉怎么样，他回答：“再也没有比做神更难的差事了，在一边看着什么也不能干涉，太难太难了。”后来老头把今天所发生的事都告诉了神，神说：“你知道吗？**神只会让一切该发生的事自然的发生不做干涉**。本来只想让那位有钱人以丢钱的方式帮助那位村民渡过危机，让他积一些福报，他也可以通过这件事反思自己该对更多的人作出相应的贡献。而那位渔夫明天要出海打鱼，会经历强烈的风暴，本想用他被误会关进监狱让他明天出不了海，以牢狱之灾躲过一劫。现在，因你的干涉这一切都乱了。”

这就是神和人的不同，他宁愿承受着误会、辱骂、责难，祂始终是让每一件事如实的完美的发生着。尽管有些事以人的视角来看有些残酷，可是那就是神性之中的因果业力法则。一个人的生命中该去经历的，他必然要去经历。每一个人最终都是朝着同一个觉醒的方向前行，只是这个过程有的人坐飞机、有的人乘火车、有的人骑自行车、有的人自驾车。你以什么方式经历这个过程完全取决于你六个身体的准备程度。**神会让相应的事，在恰当的时间、适当的地点发生在你的身上，神之手无处不在。**记住上两篇讲的：宇宙中除了神还有什么呢？让神之手抱着你走每段旅程，你只需去臣服、去经验。

第20天（2）：觉醒是一趟旅程而不是一个结果——对觉醒的执著

Bhagavan达显后，中国区的指导师维地亚卡召集全体中国区学员一起分享。我聆听到很多声音都是关于接受Deeksha的神秘体验的期待，以及对快速觉醒的执著。只要我们还在比较、还在期待、还在执著，那就还在头脑的游戏中。**我经验到在觉醒的旅途中“教导”和“Deeksha”都同等重要。我把教导比喻为门，Deeksha就是钥匙。每个教导都有一把相对应的Deeksha的钥匙。当我们只看到门时就好比我们只知道了这条教导，却还没有把它转化成自己的经验，这扇门依然还是关闭的。只有当能把教导转换成实际经验的Deeksha在你身上发生后，这扇门被开启了。这个时候，你成为了教导本身。**

觉醒深化课的28天就好比是28扇门，每一扇门都有对应的Deeksha，这也是我们在觉醒这趟旅程中所要穿越并经验的门。每打开一扇门，一个新的过程开始了，当你将这个过程全然经验后，你成为了经验的实相，此时下一扇门正准备为你开启。

这一周在内在之主神圣恩典的加持中，我找到了六扇门：经验恐惧、接纳性、重要性、谦卑、神圣性、神之手。在每一次接受Deeksha的过程中，内在之主把一把把钥匙给了我并开启了这几扇门。尤其是今天的反应非常之强烈，这是见到Bhagavan后接受强大的Deeksha能量的缘故。整天我都处在非常无力的状态，而且整个人好像被抽了筋一样，全身又酸又痛又无力；而且这种感觉不是身体表层的，它来自骨髓的最深处。但我一直享受在这个很特别的过程中，这就是内在之主在我们每个人身上所做的非常特殊也是非常个人化的工作。

如果以更远的视野来看，这 28 天的教导就是一扇门，一扇通向永不退转的觉醒之门。而这 28 天中所接受的 Deeksha 就是一把钥匙，一把打开这扇觉醒之门的钥匙。觉醒之门打开了，旅程才刚刚开始；**觉醒是一趟旅程而不是一个结果，更不是某个目的地的达到**。在合一大学的各个校区内充满着神性能量，所以在这样的磁场，我们很容易进入高意识状态。可是当我们回去以后，我们又要融入各国的国家意识、各区域的区域意识、各城市的城市意识、各团体的团体意识、各家庭的家族意识。这些综合的意识流经我们的大脑时，那才是对我们最大的挑战。当它们流经你时，你还能随时觉察并观照吗？所以，真正的旅程是从合一大学的课程结束后才开始的。你能觉醒地行走在人间并默默地履行你与内在之主达成的契约，这才是永不退转的意识，你才成为了真正的存在。而你的存在对家庭、对团体、对社会、对城市、对地区、对国家、对世界就是一个强有力的 Deeksha。

第 20 天（3）：在接受和给予之间达成平衡——与神连接

什么才是真正的连接呢？

我们还是孩童的时候，无论何时只要和父母待在一起，就会有很强的安全感。父母的话犹如圣旨，我们深信不疑。父母就是我们的天和地，我们就在这天与地之间活出最真实的自己。那个年龄段我们对父母有非常强的依赖，这种依赖就是我们和父母的连接。

随着年龄的增长、阅历的增强，我们开始从依赖父母走向了独立，开始有了自己的知见，“我”成为了我生命的主导，从此不需要再依赖谁了。如果在你生命成长的旅程中，你没有一位明师、上师的指路、依赖，那么你的那个“小我”就接管了这一切，你就会在“小我”的操控中受尽苦难与折磨。如果你从生理上走出了对父母的依赖，那是你在身体上、心智上趋于成熟的标志。然而在这个过程中你还需要有一个更高层次的成长，那就是灵性的成长。只有灵性成长了，祂才能在更高的次元引领你的心智与身体。所以在这样的阶段，你就需要一位明师、上师。你对上师、明师在灵性上的依赖犹如你对父母的依赖，这就是你与神的连接。而上师、明师是神的人格化身。

你和神的连接感是建立在双向的基础上的，你依赖神，神也要依赖你。你依赖神的是接受他的教导与Deeksha，让自己觉醒最终走向神性实现。而神依赖你的是祂需要用你的口去讲话、祂需要用你的脚去走路、祂需要用你的全身心去帮助这个世界，从而实现神本身的愿望——让全人类都觉醒。

只有你在接受和给予之间达成平衡时，你与自己的神的连接才会更强。一个觉醒的人，不可能只会接受不会给予。他会用自己最恰当的方式在他力所能及的范畴给予人们帮助。当你和神的连接还不是很紧密的时候，也许你祈祷很久以后才会有回应。当你和神的连接很紧密时，也许在你祈祷之前，神的回应就到来了。祂比任何人都了解你，都知道你的心思。你越想为了他人去做时，这个回应也会越快越强烈。

第21天：花草树木都充满了神性——神圣校区

今天的学习跨越了三个校区。一大早5点我们从三校区出发前往合一大殿，在合一大殿上了奉爱瑜伽课并举行了圣火仪式。之后我们又坐车前往四校区，四校区在山脚下，所以一路颠簸才到达。

一进入校区就被一股古老而又宁静的气息彻底征服。我从未见过这么茂盛的杧果树，其枝叶伸长后形成的天然遮阳伞下可围坐300人左右。虽然天气很炎热，可是只要站在树下，一股凉爽的感觉从头顶流到脚底。只要在课余，我总要跑出来好好地欣赏这个校区。走在一棵棵杧果树下，就好像走在老天特意为你特制的大伞下。那青绿的杧果探着头倒挂下来，我忍不住上前用双手捧着一个并给它一个深深的热吻。从杧果树大伞的边缘往校区里看去，就能看到一排排的茅棚小屋，是给学员住宿的。一间间小屋整齐排列错落有致，简朴中蕴涵着灵性的高贵。再一回头看着那又粗又壮的杧果树干，我忍不住走过去伸出双臂拥抱着它，当然我一人无法将其抱住。我将身体紧紧地贴在树干上，聆听着从它体内流淌着的那股古老而又神秘的梵音。这股感觉把我带到了两千五百多年前，佛陀在菩提树下给弟子们开示的场景。佛陀当年的所在地也在今天的印度境内，佛陀的慈悲也经由这片神性的土地流淌到杧果树的体内，而这一刻被我感觉到了。时空虽然跨越了两千五百多年，似乎佛陀年代的场景今天又显化在此了。

在两棵最大最壮的杧果树下有两间非常别致的茅棚小屋，这就是Amma Bhagavan当年在这闭关修炼时使用的，这里的一花一草都流淌着Amma Bhagavan的微笑与慈悲。其实Amma Bhagavan与佛陀只不过是宇宙中同一个神性意识的不同的人格化身。因年代不同，必然以当代、当地风土人情最匹配的人格形态显化。也就在这个地方，Amma Bhagavan培养了众多觉醒的弟子。到了这个地方你才会真的明白，为什么说花草树木都充满了神性的意识。

下午是一段很长的静心时间，老师强调除了喝水、果汁（因为今天断食只喝果汁）和去洗手间之外都回到教室静心。可是我那颗不安分的心，总想跑到外面来静心，尽管外面的温度比屋内高很多。我拿了个垫子来到杧果树下，静静地坐着；各种鸟的声音、风吹动树枝的声音以及施工的声音和空调机的声音流淌着。当它们流经我时，就像流经一个透明体一样，静静地穿越过去。天空中时而传来那乌鸦的叫声，特别清脆悦耳。随着这份静谧变得越来越深、越来越广，我突然感觉到这些声音是从我的内在发出来的，好像我变成了一个无边无际的容器。我只是一个看者，任其一切来了又去，去了又来。我还正处在这种观照中，指导师来喊我进屋了，我就乖乖进屋开始为今天最特殊的 Deeksha 的接受做好准备。

第 22 天（1）：火是人与神沟通的媒介——集体火供

这一周是四周课程中的最后一周，也是最重要最关键的一周，所以今天一大早就举行了隆重的集体火供仪式。火供是古印度传下来的最古老的供奉神，与神建立连接的仪式。今天的**火供分为三个步骤：第一步：设定本周意图；第二步，祈祷；第三步，感恩**。

指导师称这一周为四周中过程中的过程，也就是说将会有更多由教导转化为经验的过程发生。在设定意图时，使用设定手势，即左手掌心向上放在右大腿上，右手掌心向下与左手手心扣合在一起。我设定了将前三周的教导转化成实相，以及让这一周的教导更深入的转化为经验与实相的强烈意图。意图设定好后，就要进入下一步：祈祷。

祈祷的第一层是为内外的丰盛而祈祷。当我们内在具备了丰盛充盈的品质时，外在就会以富足呈现出来。所以我向内在之主祈祷在我内在种下所有丰盛、富足的品质，并显化成外在丰富的财富。我将成为财富的管道，从内在之主那流过来，又经过我流到该去的地方。

第二层是为健康而祈祷，健康包括了三个内容：身体的强健、心理的洁净、灵性的成长。我们想象从火供圣坛中发出一道金色之光沐浴全身，每个细胞、每条经脉、每滴血液、每一根骨骼都在光的净化之中。

第三层是为家族中的亡灵超度而祈祷。家族是业力的源头，只要祖先的亡灵一直卡在某个次元，就会阻碍家族系统动力——爱的流动。所以我一一向我父母亲的两条支系的祖先对话。对父亲上面的支系，我对爷爷奶奶说：

"爷爷奶奶请原谅你们的儿孙们在你们晚年时，没能好好地照顾孝顺你们，并感恩你们把父亲带到这个世界才有了我们家族的延续。请你们在当前你们所在的时空次元向内在之主祈祷，祂会让你们脱离苦难回到源头。同时这也是儿孙们的福气，也请爷爷奶奶将这个信息往上传递，让我们所有的祖先们得以苦难的解脱，而回到共同的源头。"我一边说一边流泪，这当中有太多的歉疚与感激。对母亲上面的支系，我对外公外婆说："外公外婆，儿孙们是你们带大的，你们为这个家族承受了太多的苦难。原谅孩子们没能在你们去世时守在你们身边尽孝。"下面的话语与上一段是一样的。对家族中去世的亲人二舅、大姑妈、大表姐、大表嫂等一一作了对话。

第四层是为与内在之主的强而有力的连接而祈祷。

最后一步是感恩，**对神的感恩最重要的是什么呢？就是供奉，供奉什么？就是把自己完全地丝毫不保留地贡献给神，让自己成为神的手**。让神接管你所有的一切。当指导师将一包用红布包裹的供品扔进祭坛之前，让我们观想这供品就是我们自己，把自己完全的与火融在一起，因为火是人与神沟通的媒介。那一刻，我感觉自己所有的一切都交托给内在之主了。围着圣坛转动时，我只是一直在流眼泪。我感觉自己有了一个依靠，无论何时这个依靠都在，这就是我的天父地母——内在之主。

第22天（2）：圣殿就是神的身体——神的足迹

昨天的奉爱瑜伽采用的是印度最古老的修行方式。我们要在大殿的顶层用脚来丈量顶层一圈，每走一步脚与脚之间不能有间隙。指导师说的时候我感觉这应该很简单，在国内的无锡灵山大佛，我们也曾三步一跪拜的去朝拜过。指导师一直强调**圣殿就是神的身体，同样寺庙就是佛的身体、教堂就是上帝的身体、清真寺就是真主的身体**。当时我把这句话很深地铭刻在心里。

当我们舞动得精疲力竭、满身是汗时，绕顶层一周的丈量开始了。刚开始我们都很小心翼翼地行走着，时而会摇摇晃晃，东倒西歪，每走一步就念诵内在之主的名号。走着走着我慢慢地放下了刻意，而是放松的行走，此时全身舒服多了。身体也不会左右摇摆，我感觉修行路也是一样的，不能太刻意去修什么，做什么，太刻意就是太过努力。精进的功夫是需要的，可是太刻意就是大脑的作为了，反而是个障碍。走着走着，我的脚也越来越轻巧，我觉知着脚是怎么提起来的又是怎么落下去的。而且速度放慢了许多，有很多同学都跑到前面去了。那一刻我突然意识到，**修行不是在比速度，不是在比谁比谁快、谁比谁早觉醒、谁比谁早神性实现。每个人修行的觉醒之路都是独一无二的，该走的每一步都得走完，这就是过程，觉醒的过程**。当速度越来越慢，觉知也静静地流淌着；那一刻我感觉自己正行走在神的心脏上，大殿是神的身体，顶层就是神的心脏，顶层的大堂就是神性意识所住的空间。所以每走一步都感觉是在触摸神的心跳，一股神圣、庄严、感动、感恩的能量开始在全身的每个细胞及每一滴血液中流淌。那一刻我忘掉了周围的一切，只用脚在触摸着神的心脏。走完最后一步向内在之主的顶礼时，祂告诉我：每个人的觉醒之路就是这样一步步走出来的。每走一步都要觉察你的身体、意识、心智有没有合一；每走一步都要觉察你有没有带着臣服的品质；每走一步都要觉察有没有和神连接在一起。这些品质就是你觉醒道路上行走的每一步的品质，这些品质决定了你走的每一步是不是神的足迹。

第 22 天（3）：任何事物达到极致就会改变——信心

灵性成长中最重要的一个关键就是：从头脑的制约中解放自己。可是这却是一个艰难而又漫长的旅程。不相信、怀疑是头脑最重要的特质之一，刚开始的时候它对神、佛、上帝、真主、道这些形而上的表达是不可能相信的。

不过不相信也是成长的一个环节，是灵性成长的起程。我们都知道任何事物都有对立的两面性，不相信的对立面是相信。当一个人开始不相信某样东西时，其实那个相信也在其中，只不过这个相信的分量远小于不相信，而被湮没在不相信中。Bhagavan 教导过：**“任何事物达到极致就会改变。”**这也是《易经》中讲的“物极必反”。所以当一个人不相信形而上的神、佛、上帝、真主、道的存在时，当他不相信到了极致的时候，也必定是他的生活已经支离破碎的时候，这个时候生活就是他最好的老师，生活的教导对他就是最恰到好处的教导。生活的教导自然会让他从极度的不相信而转向开始相信，但是他依然还会在不相信和相信之间来回摇摆。随着他生活体验的加强以及生命教导的深化，他会慢慢来到相信的状态里，但是从不相信到相信依然还是停留在头脑的层次中。但这已经是很大的一个突破了，不相信的头脑犹如钢铁般的强硬。经过生活的体验与生命的教导之后，这个硬如钢铁的头脑开始被软化，被软化的状态就是相信。

在相信的状态里，随着生命体验的更深化，随着你对神的经验的升华，你才会安住在信心里。**当你安住在信心里，外在就动摇不了你。在信心里，你就会与自己的神之间有很强的连接**。因为信心中包含了两个非常重要的品质，那就是臣服与信靠。在印度神庙中你会看到神的脚下、座下会有一些动物象征的雕塑，那就代表了愿意百分之百臣服于神的脚下，做神的坐骑。在《西游记》中你也曾看到诸佛菩萨的坐骑。很多一路上给唐僧师徒设置障碍的都是佛菩萨的坐骑，孙悟空没招时，佛菩萨一示现它们就会乖乖地臣服在他们脚下。**当你彻底臣服于神，你和神之间就会建立起一种相互的信靠。信靠就是你将自己完全交托给神，你的信心来源于神的意志，你的行为来源于你对神的依靠。你依靠神的同时，神也在依靠你，神要依靠你去完成神的愿景，神需要你成为他的手。当到达这个阶段时，你与神已经合一了，神成为了你的意志，你成为了神的手。**下图就是与神合一的简化图。

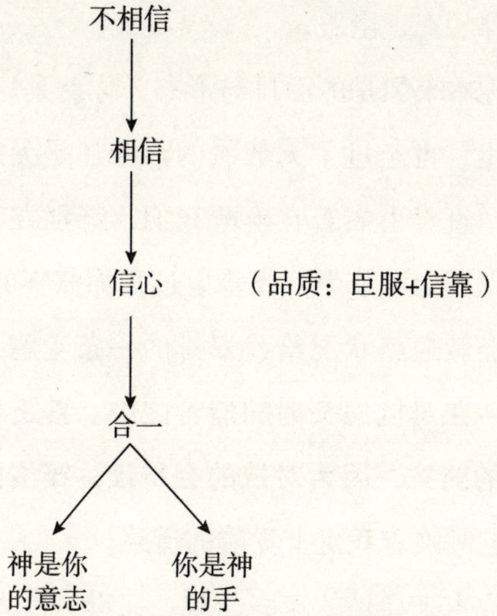

第23天（1）：全然接纳与感恩——臣服

昨天在大殿的1008步台阶的行走，确实是挑战。看到很多人都倒下，躺下了又起来。当然也有的人干脆在没指导师看到的情况下抄点近路，少走几步当然也没人知道。我内在也多次出现“怎么还没到啊，应该快了吧”这样的声音。同样也感到双腿酸痛，特别是脚底板的疼痛。不过总有一个意念在说：“是神借你的身体在走而已，你只不过是神的意识的执行者，享受那份痛吧！”除了脚的酸痛外，我一直处在觉知的行走中。而且还多次想起了玄奘法师当年取经路的艰难，不也是这样一步步走出来的吗？还有活了120岁的虚云大和尚，从南普陀到五台山的三步一跪拜。想到这些，我发现这1008步台阶简直太简单了。玄奘法师和虚云大和尚那才是对佛法之路的臣服与信靠。

一边走着一边领悟到，**臣服不是对某个人、某个具象，而是对生命中所发生的一切的全然接纳与感恩**。因为生命中发生的一切都是神之手所创造，臣服于这一切就是对神的真正臣服。

在身体上，接纳你本来如是的面目与形态，你就是这宇宙中独无仅有的。如果身体上有疾病发生，也经过了无数次的治疗还是无效果，那除了接纳你还能做什么呢？觉醒一直经由痛苦在唤醒我们，特别在身体层面的痛苦是对我们很大的挑战。在以前的章节中，我曾说过我那疯狂的20年的偏头痛，就是内在之主针对我的经脉通路状况给我安排的一条觉醒的道路。在没有意识到这点之前，我一直活在对抗偏头痛的痛苦之中。**真正让我痛苦的不是偏头痛本身，而是我对它的对抗，因为对抗的会持续，接纳的会消融**。现在我对偏头痛心存感激，是它呼唤着我走上觉醒的道路。

在家庭上，接纳你本来如是的家庭面貌。父母、爱人、孩子、兄弟姐妹，都是为唤醒我们而来的。没有任何人可以代替他们的角色。Bhagavan 说：生命就是关系。我们此生的功课就是要去完成上一世我们没有完成而留到这一世的功课。家族的成员就是帮助我们来完成这些功课的，尤其是业力的功课。接受父母你才能与祖先连接，接受爱人你才能接受你内在的分裂，接受孩子你才能接受你对自己的遗弃，接受兄弟姐妹你才能去爱人。神的恩典就是透过这些关系流到你这儿的，当这些关系都非常圆满了，恩典就会顺利地流到你的生命中。

在工作上，接受你所能扮演的角色。做什么行业、做何种工作、任什么职位，这一切都在神的安排之中，祂会以你内在的心声来引领你。爱你所在做的工作，做你所爱做的工作，工作场本身就是修炼的道场。

在财富上，你这一生能拥有多少财富，从你一出生就在你的账本上写好了，到相应的时间你会获得相应的财富。如果注定是你的，无论发生任何事它也不会离开你；如果注定不是你的，即使到手了，它总会要走的。因为我们都清楚世界上没有一个人能真正拥有财富，他们只能使用财富。在神的账户上根据自己的福报，你就会有多大的使用权。没有谁会比神更清楚，在什么时间、在什么地点、以什么样的方式将使用权交给你。所以我们要做的就是臣服在神的脚下，并祈祷神在你的内在种下丰盛的、富足的品质，那你就会在恰当的时间体验到外在的丰足。

在灵性上，接受你本来如是的状态。每一个人从出生开始，就已踏上了这条路，这是神的设计与安排。上面谈的身体、家庭、工作、财富就是你的内在之主为你设计的道路。接受你的这个过程中所要走的每一步，并带着感恩的心去行走。

第 23 天（2）：清明是从困惑中升起——太极苏菲旋舞

今天我经验了到合一大学以来前所未有的困惑，我无法消化《解脱经》中讲的"从文明中解脱就是从知识中解脱"。所以我向内在之主祈祷，让祂带着我去经验这个困惑。因为清明是从困惑中升起的，困惑到了极致就会转变为清明，带着这份无助与臣服，开始了 JAPA YOGA。

平时 JAPA 的舞蹈环节，我都在教室中间舞动，今天有个声音让我到教室后方宽敞的地方舞动。一开始就不自主的开始了苏菲旋舞，随着音乐的旋律转动着。逐渐地，我感觉到我可以在旋转中随意动我身体的各个部分，比如头部、腿部、上下肢都可以。这是以前跳苏菲舞时根本不敢做的，高速旋转时去动身体，在这之前肯定会摔跤的。这就是身体在某个层次上的制约。随着旋转的持续速度越来越快，感觉到自己像围着一根轴在转动的轮子。轴心是静止的，而沿着轴往外延伸则是动的。你会感觉到，你就是轴，而周围的万物就是轮子的组成。这就是在苏菲旋舞中，从动中找到的静。接下来随着音乐节奏的改变，我的身体开始在旋转中自动去探索动的方向，好像内在有一股力会自动驱使身体沿不同的方向动，手也开始自发的有一些动作出来。在这个转动中的静里，我看到了自己动的身体会形成我平时练太极易筋经时的动作。此时，我又从这个静中去探索往外延伸的动。就这样我在旋转的同时，在舞动着太极的动作。我自己都感到非常惊讶，原来我可以这样去突破身体的制约。动中的静，静中的动，动作可以收放自如，速度可以快慢相续，好像这背后就是有一个点在看着这一切的发生。好像身体不再是身体，而是像流水一样在沿着各个方向围着中心流动。好像身体不再是那个笨重的物质体，而是灵动的光体。这一切全部在那个意识的观照之中。最后，当音乐停止要我们停下来时，我有意识的放慢一点速度后，就立即停止下来。停止的那一刻，我成为了虚空中的一个点，所有的星系围着那个点在转动，最后就连那个点也消失在虚空之中了。那一刻我体验了合一的实相，我和 Amma Bhagavan 的意识溶解在了那一片虚空之中。**观照者、被观照者、观照平身，在那一刻合一在那一片静谧的虚空之中。**

第 23 天（3）：神性实现的人本身就是天堂——Bhagavan 达显（二）

在合一大殿跳赞美神的舞蹈时，我又在跳太极苏菲旋舞。也许是因为空间的宽敞无所顾忌，舞动得更轻松自在。可以在旋转时刚柔相济地打太极，因为那一刻是神在运作我的身体。结束时已满身是汗，心中的那个静又深又广。带着这样的感觉要去见 Bhagavan 了，来到达显室外面等候时，突然头部的右脑开始剧烈疼痛；之前经历过那么多年的偏头痛，从来没像此时那样痛，犹如在我的脑中缝针一样的痛。我无法坐着，只好找了个靠墙的地方躺下来。这个疼痛一直持续到要进场见 Bhagavan 时，不过比原先要轻松了一些。走进达显室，依然抑制不住那份激动。向 Bhagavan 顶礼后，我们一一入座，我依然坐在上次达显的位置。刚坐定，Bhagavan 开始回答我们之前准备好的问题了。怎么也没想到，回答的第一个问题居然是我的。因为我是上车前才把问题交给翻译的。当时她说很难被抽到了，因为所有问题中午就已经交到指导师那儿去了。当时有个意念闪现：让内在之主决定吧，祂最清楚要回答谁的问题。过后因为头的剧痛也没在意这件事，所以当第一个回答我的问题时，我感到很惊讶。在问题的纸条上我是这样写的：

亲爱的 Bhagavan 老爸：

深深感恩您在我们内在为我们所做的一切；感恩您为我们所承受的一切。同时请老爸给我们讲一讲觉醒和神性实现的差异。

Baduka China

当翻译念完后，特别强调是中国的 Baduka 时，全场愣了一下。Bhagavan 惊讶地问了翻译，中国的 Baduka？他们对这名字都很惊奇，因为这个名字的意思是“圣鞋”。这个故事的渊源是在上次来合一大学时所发生的一系列神迹，这里就不多讲了。后来 Bhagavan 对这个问题做了简要的回答：**“觉醒的人看到所发生的一切都是完美的，他所看到的就是天堂；神性实现的人本身就是天堂。”**

接下来 Bhagavan 回答了很多问题，并对每一个同学都给了 Deeksha。最后有一位正在过程转化中的中国学员讲道：“我怎么一直感受不到你的爱，也找不到我对你的爱。”Bhagavan 只是慈悲地笑着回答：“我一直都在爱你。”回答如此简单，却慈悲有力。时间到了，又是道别的时候，Bhagavan 对所有学员说：“我们过程中见。”之后我们一一起身退步向 Bhagavan 道别，祂也一一目送我们。最后，Bhagavan 突然看着我把双手伸向前，身体也倾向前地给我祝福，Bhagavan 看我的那双眼睛就是在每一次转化的过程中给我能量的天父的慈爱眼神。快要到门口时，我俯身向 Bhagavan 老爸顶礼，Bhagavan 知道这就是祂的 Baduka。

走出达显室，那份感动与不舍依然在心中旋转。什么时候再能与 Amma Bhagavan 这样面对面呢？听内在之主的召唤吧！Bhagavan 说的最后那句话，一直在耳边盘旋：“我们过程中见！”

第24天：Amma Bhagavan精心挑选的圣地——天籁Deeksha

一大早5：00就集合前往一个神秘的地方，指导师也没说去哪儿，只是交代，完整参加四周课程的同学才能前往，其他的同学就休息，等候上课通知。开了一个多小时的车终于到达目的地了，真是一个世外桃源，依山傍水。后面是高耸的山，旁边是几条清澈见底的溪流。一棵棵的榴莲树上悬挂着一个个大榴莲。鸟儿们在天空盘旋着，狗儿们在草地上相互追逐着，好像是在欢迎我们的到来。

指导师让我们在最大最茂盛的一棵杧果树下坐下来，这时才和我们讲，这个地方是Amma Bhagavan精心挑选的圣地。自有人类以来的所有觉者的高层意识都会在这儿呈现，今天我们就是要在静心中接受这些高层意识的Deeksha。能帮助我们在走内在过程的途中平衡五种气以及六个身体的互动平衡，最终还是帮助我们昆达里尼的提升。指导师给我们一个小时的时间，在这个小时中，只要处于静心状态，无论做什么事都可以，所有这一切都会自动发生。讲完后，有的同学散步去了、有的在溪边、有的在草地上、有的躺在树枝上、有的则仰望天空。一开始我没有移动自己的身体，只想在那棵大杧果树下静静地坐着；风时而狂猛的吹，时而温柔轻盈地舞。好像我正在被风流经而过，我成了一个透明的存在。天空中鸟儿的叫声以及周遭树枝摇动的声音也在流经我的细胞。那一刻我感觉到佛陀、基督、老子、孔子、穆罕默德、唐玄奘、圣母玛利亚、达摩、克里希那等这些合一存在就在我的周围，以祂们的方式给我们做Deeksha，而且整个头部都感觉到这股能量的强烈注入。

静坐了一段时间我起身来到另一棵树下，看着高耸的山，那就是内在之主的身体；轻抚着吹动的风，那就是内在之主的呼吸。随着风吹动的方向与力量，我开始练起了太极易筋经。让自己的身体与风交织在一起，风会自然地带动我在太极中流动。那一刻我成为了流动的太极。最后我在练习拜日式中礼敬所有众神诸佛菩萨的能量加持。练习完躺在草坪上，时间也刚好到了。最后指导师让我们到一条小溪中用手去舀水喝，让那天然的灵泉洗净我们的身心灵。

坐上车要离开这个神圣的校区了，真有些恋恋不舍。回来的路上，同修们都显得出奇的安静。那一刻，我们的心合一在那一片静谧之中，风就是我们的呼吸，阳光就是我们的观照。那一刻，除了“在”之外，再没别的。

第 25 天：隐藏多年的生命密码——疗愈创伤

今天是为我们解除出生的时候所受创伤的一天。

在强烈的呼吸中，一股很深的恐惧感向我袭来，听着那嘈杂繁乱的声音，我感到前所未有的恐惧。难道是我对来到这个世界的恐惧？伴随着那股恐惧，一种饥饿感随之而来，饿得我非常难受，从来都没体验过如此饥饿。紧接着我的呼吸越来越微弱，我对一切都无法控制，只有一个在呼唤内在之主的意识存在。那一刻呼吸卡在了喉咙的位置，使得呼吸非常困难，就在那一刻一声哭喊把我从那种快要窒息的情境中挣脱出来。我感觉自己就像婴儿一样地在哭泣，但是身边没有任何一个人，让我感觉到了一股强烈的被遗弃感。伴随着身体的饥饿与全身发冷，内在升起这样一种感觉：“是不是这个世界不需要我？”这种感觉持续了很长时间，直到哭得呼吸越来越弱，只是嘴在微弱的一张一合。那一刻我体验到了“死亡的到来”；难道在我出生时，我是被从死亡边缘救回来的？后来根本无力再呼吸了，全身好像被电流通过一样的酸麻。当时指导师让我们坐起来呼吸时，我勉强着自己坐起来，后来一头倒在地上，之后也不知发生了什么。直到最后在舞蹈中内在之主要为我们重新设定新的生命程序时，我才醒来，并吃力地站起来舞蹈；刚开始很艰难，全身不听使唤。渐渐地我才慢慢恢复，开始疯狂的舞蹈；直到被音乐接管，是音乐在舞动我，一个指导师怕我摔倒还特别守护在我身边。这个过程我重新活出自己，内在之主为我设定了新的生命程式。

出生的这一段过程虽然如此短暂，可是它却为我们设定了生命密码，只要这个密码无法破译，那这段产期所经验到的负荷、创伤将一辈子如影随形，就是前面讲的那种莫名其妙的、无缘无故的“存在性痛苦”。今天这一段过程，内在之主为我解开了隐藏多年的生命密码。

从小我就有一种莫名其妙的恐惧感，非常怕大人对我大声说话、吼叫，那会激起我强烈的反抗情绪。而我老爸就是这样一位小时候经常对我喊叫的人，所以很多时候我把那种反抗情绪压在了心底。只要碰到有大声对我讲话或身边有大声喊叫的人都会引起我的不舒服。直到现在，和我生活在一起的岳母是个大嗓门，有时也会引起我的不舒服，原来都是我出生时对声音的恐惧设定的程式。

过程中的饥饿感、全身发冷就是我被遗弃的生理反应。那一段不被爱、没有人抱、没人理的过程，让我作出了这个世界是不需要我的被遗弃的决定。于是从那一刻起这个模式开始支配我的人生经历，从小学起我就只和几个有限的人在一起。见了陌生人总会脸红、腼腆，犹如一个女孩子。直到初中、高中乃至后来这个模式依然在支配我，这个模式就是一种“逃离感”，总觉得自己是不被需要的，与你们在一起很不安全，所以总想逃离人群，回到一个人的状态。直到今天这个模式的影子还在，表面上我在讲台上每个月要面对上千人讲课，可是私下里我很喜欢独处，有非得要去的应酬我才会去。这个过程的再现让我清晰地看到了这一幕，并彻底地去经验了它，只要经验了，它就被转化了。

还有这个过程中所经历的窒息与死亡，对我来讲并不陌生。因为从小到大以来，我就特别好奇死亡、喜欢探索死亡，小时候还会跑到棺材上去玩。

村里每逢出殡送葬我一定会跑去看那个过程。而且还会跑到山里去看坟墓，总会想里面的人该是怎么样的呢？稍微长大一些时，第一次看到奶奶的临终。当时只有我一个人在场，看到她的嘴一张一合的，与我刚才在过程中经历“死亡”的经验一模一样。当我喊大人到场时，奶奶已经去世了。第二次经历死亡是高中时，看到外公的去世，当时也是我一个人在场，虽然他的嘴张合得没有奶奶那么大，但我感觉他要离开我们了。所以我赶紧喊“外公”时，他又回过神来应答了一声之后就走了；等舅舅一家，还有妈妈、爸爸到来时，外公已经走了。因为这些经历，我对死亡充满着神秘的好奇感。有几次在思索人生意义时，觉得人活着到底为了什么，为此还有过几次自杀的念头。特别因为初恋时写过一封道别信还引发了一场寻人大风波。

这次的出生过程体验让我彻底经验了死亡的过程，那一刻只有一个在呼喊着内在之主的意识，后来就连这个意识以及所有一切都没了。Bhagavan 说：**“你所彻底经验的，会转化成极乐。”是的，在内在之主的恩典中，我彻底经验了出生的整个过程。这份体验转化成了一份更深、更宽、更广、更静的空寂，我就是被那个空寂所充满的碳水化合物。**

第 26 天：每一个人都是自我中心的——从自我中解脱

“我们每一个人都是自我中心的。”

当你听到这句话时，是不是很不舒服、反感甚至讨厌，或者想找说这句话的人理论理论？当我听到指导师说这句话时，我也和你一样的感觉。这些感觉是从哪里来的？是谁在你里面制造出这些感觉的呢？是那个“我”，只要“我”还在，它就一定要处在中心的位置。自我的最典型的特征就是“我最重要”，遭遇不舒服时，更是以否认来维护自我的重要性。**只要这个“我”还在，无论你是谁，无论你多伟大，都还是以自我为中心，只不过是从一个低**

层的自我中心到伟大的自我中心。这个自我，我们称它为“心理自我”，因为它是玩心理游戏的高手，达不到一定的意识状态，你无法看清自己就是在心理自我的游戏中来来回回。

另外，我们的头脑很想控制一切，包括思想、情绪，总以为一切皆在我的掌握之中。无论是生活，还是工作中的人、事、物，都统统在我的掌握之中。有一个印度部落的老者在部落中非常受人尊敬，只要他到的地方，人们必定会起立恭迎行礼。这位老者从未去过城市，有一天他的孙子接他去城里住几天，老者非常高兴。这么多人都尊敬我，想必到了那边会有更多人尊敬我。到了城市后，有一次和孙子一起过马路时要经过红绿灯，当他把手杖举起时果然所有的车辆、行人都停在了路口。老者非常开心地对孙子说：“果然这里的人也像村子里的人一样对我尊敬。”只有孙子知道，当老者举起手杖的那一刻红灯亮了。但老者有一个很虚幻的自我，他就活在这个自我中。**自我最大的幻想之一就是认为我能掌控一切，这就是“控制的自我”**。

心理自我作为一个控制者，用思考者来表达自我。如果有一个思考者存在，那你为什么无法停止思想呢？其实只有思考的这个过程存在，只有思考本身存在，却没有一个思考者。这个称为“思考者自我”。

还有很多时候，我们不想做现在的自己，不想做眼前的自己，总觉得下一个自己会更好、更棒、更优秀，总想从现在的自我成为下一个想要成为的自我。这个自我称为“想要成为的自我”。

以上这四个自我都与下面这个自我密切相关，那就是“负荷自我”。所有的负荷都是从过去的人生经历中来的，是一些旧有的记忆定式，是我们最大的制约。**在我们所有的制约中，最强而有力的一个制约就是：想要成为无我的，无私的**。我们所有的教育都在否认自我是如何的不好。要怎样去成为一个无私的无我的人，如果无我了，那这五个自我到哪儿去了呢？自我创造出五个变身的自我，它能将自己的变身消灭掉吗？其实自我在创造着一个不可能达成的游戏，一旦我们进入这个游戏，这五个自我就会活得好好的。

我们都知道，如果有一个人老想把你控制在掌心里，你会怎么做？当然你会采取一切措施手段进行反抗，无论是软手段还是硬手段。如果还是不行，你就会假装听从于他，任他掌控；当有一天你强大起来时，结果会怎样呢？**“自我”就是这样的，你越是想控制它，它就会越强大。“自我”需要表达，需要开花。任何开了的花都会谢掉，对于自我能表达的就去表达它，不能表达的就去彻底经验它**。怎么经验呢？如果贪婪来了，不要去否认它，停下来看看它在你身体里产生了什么样的感受，对那个感受不要采取习惯性的逃避，和它待一会儿，然后再向内在之主祈祷，帮助你在经验它的同时转化它。

允许自我表达自我，允许自己做自己；一旦你表达了或经验了，负荷就会卸掉，就会被瓦解，一旦负荷自我瓦解了，那个“想要成为的自我”也就不存在了。所以对于这五个自我，你所要做的就是觉察它、接纳它、表达它、经验它，最终它自然会在你的祈祷中被转化。

第 27 天：存在是无穷无尽的——意识的天性

负荷的存在就是为了压制你的意识，只有这样负荷才会生存。**而意识的天性就是扩展、无限的扩展。所以一旦意识扩展，你就会感到自由、宁静、喜悦、空寂。意识的扩展是永无止境、永无边界的**。Sat－Chit－Ananda（存在—意识—法喜），就是宇宙的本质。存在是无穷无尽的，大到没有外面，小到没有里面；意识和存在也是一样的天性。其实**觉醒就是一趟意识无限拓展的旅程，这趟旅程只有开始没有结束**。

意识的拓展有其脉络和规律可循，但无论怎么样这趟旅程都不是你自己完成的，而是你的内在之主带你完成的。在合一的道路上，你的内在之主首先会带你去到一个植物的王国，那里长满了自人类创始以来的所有植物。在植物的国度你可以和它们说话，你可以成为任何一种植物去经验到作为植物的体验。当你能够经验到植物并与它们合一，你的意识就会扩展，在这个次元的负荷就被卸除了。接下来，会带你进入动物的王国，那里有所有动物的存在，你可以和动物说话，交朋友，你还可以成为任何一种动物。当你经验到作为动物的体验，并与它们合一，你的意识又会扩展，在这个次元的负荷同样的被卸除了。

接下来你的内在之主将会带你去到宇宙空间，你会看到浩渺的星空，你会经验到各种星体，你会经验到太阳系、银河系，此时你的意识会再扩展，在这个次元的负荷继续的被卸除。越往前移动，你的意识就会越广，你的觉知就会越强。下一个你会来到祖先的王国，在那里你会看到去世的祖先们，你会看到他们是怎么生活的，你同样也可以去经验他们的生活状态。同时，你也可以在这个空间和你的祖先们对话，表达感恩。这样你的意识又会被扩展，那你在祖先这个次元的负荷或者叫业力就会被卸除。一旦这股业力的负荷被卸除，你就会去到神的国度，那里居住着古往今来所有觉醒意识的存在。同样在那个次元你的意识扩展，负荷又会被卸除。紧接着你就会去到一个很美的地方——神殿，只要你能进去，你就能看到 Amma Bhagavan、佛陀、耶稣、穆罕默德、老子、孔子等古圣先贤们。当然你也可以和他们对话，说你想说的。一旦你的意识扩展到这个次元，那你的负荷就都被清除干净了。最后你将会去到源头，合一在那永恒的光里。不过我们这群合一人还有事要做，还要为人类的觉醒做些工作，所以到达神殿就可以了。

这一趟旅程不会按照一定的顺序进行，这取决于你的负荷。你不用去理解，也无法用大脑去理解那远超越于它的存在，就像一个细胞无法理解身体一样。你只要完全臣服并信任你的内在之主，他会带你去经验这一切，祂比你更了解你要以什么样的方式去经验。这个过程中还有一个最大的障碍就是期待，这又是“想要成为的自我”的游戏。所以要向你的内在之主祈祷带着你在整个过程中自然地流动。

我的这趟旅程是一场最殊盛精彩的体验。经过一段长时间的呼吸后，就把我带到了动物王国。那里有各种各样的动物，见过的没见过的比比皆是。有天上飞的、地上爬的、水里游的，简直就是一派《阿凡达》中自然的景象。好像我和每一种动物都是朋友，任其在我身边来来去去。后来把我带到了一个犹如八百罗汉的大殿，我在这个大殿转悠着；过了不久就来到了一个非常雄伟壮观、云雾缭绕的地方，那形状非常像合一大殿，我径直往里面走去，看到了佛陀以及其他模糊不清的影像。紧接着在我的头顶上空有一道黄光在闪动，我仔细一看，这不就是 Bhagavan 穿黄袍的圣像吗？我径直朝圣像奔跑过去，这时一匹白马跑了过来，当我骑上去之后右手出现了一把类似于科幻片里的那种有一个手柄，但剑是光体的剑。白马驼着我飞奔上去，此时一大群觉醒者全部出现了，我们都穿着纯白色的白袍，白袍的款式与 Bhagavan 的一样，只是颜色不同。Bhagavan 在前面带领着我们，突然头顶上方出现了一道非常亮的光朝我们射下来，周围有一些光犹如喷泉一样在流动着。在光里我的右手不由自主地开始舞剑，那舞剑的场景就像我跳太极苏菲旋舞的场景。我全身开始快速转动，头在快速的转动，好像那一刻我身体内根本没有骨头。只是不停地左右转动，头则是以圆圈转动。以这样的状态持续了很长一段时间，突然间我的快速转动停止了，我一头倒在地上什么也都不知道了。当我们醒过来时，指导师正在喊着要我们站起来，那一刻我动了一下身子开始有知觉了；我艰难地站起来，由于长时间快速呼吸，口干到了极致。此时，指导师让我们开始跳舞，在舞动中继续地让内在过程延续。跳着跳着，干涩的喉咙里流出了一股清清凉凉的唾液，将之吞下去后身体的能量开始恢复。我又像往常一样疯狂地舞动，就好像和所有觉醒者一起舞动一样。

我终于明白了，为什么在 Bhagavan 的所有圣像中，就只有穿黄袍的圣像我无法与之建立连接。原来是要等到这个时刻，等到成为觉醒者的一分子时，在这个特别的地方与 Bhagavan 的黄袍圣像建立如此之深的连接。语言太有局限性了，真的无法表达出我在整个过程中那种微妙的体验，只有真正去经验过、品尝过才知道是什么滋味！祝福你也有更不寻常的体验！

第28天：感官的解放就是生命的解放——婴儿的眼睛

你有看过婴儿的眼睛吗？那份纯净犹如不挂一丝云彩的天空，那份真实恰似照见五蕴皆空的菩萨，那份美善让你升起万般的欢喜与爱。可是这样的好景却不长，当孩子超过1.5岁，大约是在1.5～3岁，那份出生前的纯净、真实、美善就会逐渐被淡化，逐步被稀释；他内在的那个“自我”开始慢慢诞生了。这个“自我”是怎样产生的呢？

婴儿期孩子的感官是独立且缓慢运作的，所以很多时候你会感觉小孩子的反应很迟缓。后来这个本能的生理自我形成了一个速度开始协调五大感官。以电扇为例，当电扇处于静止时你能看清每一扇页面；可是一旦开始旋转，速度快到一定程度时，几页扇面就会形成一个整体，在扇面与扇面之间好像找不到间隙。婴儿的五官也是如此，在生理自我这个速度的介入下，五官开始联动运作，好像看、听、说之间也没有间隙，于是这个高速运转的强大的自我的相就形成了。Deeksha的功能就是要让生理自我的速度慢下来，让五个感官之间有间隙、有静止；看就是看、听就是听、吃就是吃。有一天朋友问佛陀：你在做什么？佛陀答：我在走路。佛陀的觉悟就在于他让自身的感官慢下来，以至于他做任何事时，都能安住于当下这一刻某个感官的单独经验中。这就是佛陀要揭示给后人的秘密，可是有多少人能真正明白他老人家的良苦用心呢？

你要明白生理自我是一个超级幻象，它不是实际存在的，犹如前面讲的电扇一样，只不过是因为速度而让它成为一个看似整体的假象。不过任何存在的现象都有一个天性，那就是生存。生理自我也想生存下去，它知道自己任何时候都可能会走掉，他害怕消失，所以他会把自己和头脑连接起来，于是心理自我就会来支持生理自我。有时即使心理自我不在了，生理自我还会再回来，这就是为什么说觉醒是神经生物的改变，这个过程必须经由 Deeksha 在大脑上做工作，让五个感官的运作速度慢下来。速度慢下来，慢到一个临界点时，生理自我就消失了，你就被解放了、觉醒了。

电影是怎么形成的？不就是由无数张拍好的胶片经过快速播放而形成的连续性吗？一旦速度慢下来那只不过是一张张照片而已。其实这就是我们活在由自我用五个感官所导演的人生大片里的真相。这就是为什么说觉醒只是被给予，你能让大脑停下来吗？你能让感官慢下来吗？古往今来所有觉醒的人，宇宙之神都在祂的大脑中做过这个工作。无论祂是否知道这个过程，这取决于他觉醒的意识状态。**别忘了觉醒是一趟永远没有终点的进化旅程，而非一个目的地或结果**。

因为感官的快速运作，生命成为了囚徒，如果我们能从感官中解放出来，那就是生命的解放，那就是不可思议的觉醒！

第五部分

觉醒的教导实践工具篇

灵修从某种意义上讲，都是在为某个神圣的时刻做好准备，特别是六大身体的准备。这部分就是让我们在这六大身体上做准备的练习方法，也可以说成是工具，因为它简单易行。但是，这个准备期不是一天两天、一年两年，也许是十年、二十年甚至更长的时间。慢慢地你会发现，让六大身体处于和谐运作的修行准备，其实就是我们的一种生活方式、一种活法！觉醒的活法!

练习一：《吠陀经真言》（Moola Mantra）

Om

Sat – Chit – Ananda，Parabrahma

Purushothama，Paramatma

Sri Bhagavathi，Sametha

Sri Bhagavathe，Namaha

Mantra（真言），直译曼陀罗，意即真实之语，也就是本来的声音。Mantra的历史，可追溯到五千年前的古印度梵书《吠陀经》。吠陀经不仅是印度的智慧之源，而且吠陀的诗歌集《梨俱吠陀》是印度最古老的音乐。吠陀经的传承是靠口传心授，代代相传的吟唱来传承。当你聆听或唱颂吠陀经文时，即使不了解它的真义，经文本身就会传递出无限的能量。当你了解它的意思，并在唱颂的同时在你心中感觉它，能量将会有万倍的效果。因此当你运用这个箴言时了解他的真义是非常重要的。

吠陀经的咒语在当前这个时代透过 Sri Bhagavan 与 Sri Amma 的恩典给予人类。唱诵真言就像是呼唤名字。当你呼唤一个人，他就来到你面前，并让你感受到他的存在。同样的方式，当你唱颂这个真言，这个无上的能量会显现在你四周并围绕着你。如同宇宙是无所不在的，神圣能量可以在任何地方与任何时候显现。同样需被了解的是，以谦卑的、恭敬的以及强烈需求感的态度唱颂，会使神圣临在更加强大。

• OM

OM有100种不同的意思，它是说，在万物之初是至高无上的语言，以及语言创造出了万物。这个语言就是OM。如果你在极致的宁静中静心，你可以听到这个OM的声音在你内在。万物是由这个OM创造出来的，它是最原始的声音，或是整个宇宙震动所生出的声音。OM也表示邀请更高的能量。这个神圣的声音有创造、维持与摧毁的力量（即在前面的章节中所谈到的“三德”的力量），给予整个存在生命以运行。

• SAT

SAT意指所有透彻的存在，那是无形的、无相的、无所不在的。宇宙归因较少与质量较少的部分。它是无形的，它是经验如同宇宙的空无。我们可以说是静态的宇宙本体。万物有它的形式而且可以被感知，出自无显像的变体。它是如此精微，超越所有感知。只能当它变得显著且成为相因的形式时，才能被人类的肉眼看见。我们在宇宙内在，而宇宙在我们内在。我们是果，而宇宙是因。果展现它本身即是因。

• CHIT

CHIT是无限的宇宙纯净意识，OMNI临在显现宇宙的力量。出自这个我们称为动态力量或驱使力的变体。它可以以任何的形状或相貌显现。是这个意识以运动、以重力、以磁力等显现。它也显化为身体的动作，思想的力量。它是至高无上的精神。

• ANANDA

A－NAN－DA意指宇宙的祝福、爱与友善。当你经验了（SAT），并与存在合一或经验到了纯粹意识（CHIT）。你进入神圣祝福的状态与永恒的喜悦

（ANANDA）。这是宇宙的原始性质，当你与你的更高意识连接，你才可以经验到这最巨大与最深沉的狂喜（即《心经》中讲到的阿耨多罗三藐三菩提）。

• **PARABRAHMA**

PA－RA－BRAH－MA 在它超越时间与空间的绝对面向，是至高存在。是宇宙无形与有形的本质。它是至高的造物主。

• **PURUSHOTHAMA**

PU－RU－SHO－THA－MA 有很多不同的意思。Purusha 意指灵魂，而 Uthama 意指至高无上的；至高无上的精神。它也意指从最高的世界带领我们的力量。Purusha 也表示男性，PURUSHOTHAMA 如同 Avatar 去帮助与带领人类的能量，并与挚爱的造物主亲密地连接。

• **PARAMATMA**

PA－RA－MAT－MA 意指至高的内在能量，这是固有在一切创造物与万物，生物与无生物中的。它是存在于无形或任何想要形式的存在或内在之神。它是无论你任何时间与任何地点，你想要引领与帮助你时可以来到你身边的力量。

• **SRI BHAGAVATI**

SRI BHA－GA－VA－TI 是造物主的女性面，是无上智慧行动中的特征的力量（The Shakti）。祂也意指造物主的大地之圣母的面像。（现经由 Bhagavati Amma 展现）

• **SAMETHA**

SA－ME－THA 意指在一起或彼此心领神会。

• SRI BHAGAVATE

SRI BHA－GA－VA－TE 是造物主的男性面，祂是不变的与永恒的。（现经由 Bagavan 展现）

• NAMAHA

NA－MA－HA 是向宇宙叩首跪拜顶礼，而宇宙即是 OM 同时也有 SAT－CHIT－ANANDA 无所不在的，与同时是永恒和多变的特质。至高精神以人类的形象或无形显现，这个存在可以在阴柔与阳刚的形象中以无上智慧领导与帮助人。我随时寻求你的临在与指引。

练习二：脉轮静心（Chakra Dhyana）

脉轮静心是一个来自印度的古老静心术，是合一觉醒课程里非常重要的静心练习。脉轮是身体能量中心的能量。人类机体不仅是肉体，还包括其他几个区域，如思想、业力、智慧和法喜。称为昆达里尼的潜在精神能量，流经这些脉轮和经脉，从而使它们振动起来。在这些脉轮和经脉中流动的能量影响所有其他的区域，从而造成一个健康的身体和心灵，其结果是达到法喜与和平。

这些脉轮和经脉，由于错误的生活方式、饮食习惯和各种不正确的观念及恶业的负担而被污染。这种干扰对个人的身体、精神、情绪和心灵都有影响。负面的思维模式造成负面形式的生活。

脉轮静心有三个步骤。把专注力集中在脉轮的神秘图，以口发出神秘的音节启动脉轮和正确的坐姿。手指打正确的手印也很重要。整个静心需要大约 40 分钟。盘腿而坐，或者坐在椅子上，保持脊椎挺直，双手自然的放在腿上，手掌心向上打手印。眼睛闭上，鼻子自然呼吸，身体全然的放轻松。

• 脉轮静心的流程

第一脉轮——当开始唱颂脉轮的咒语“Om Mooladhara ……”把专注力放在海底轮（会阴）的区域，红色四瓣莲花。持手印：食指尖端接触大拇指尖端。

发音：**Lang**（重复唱诵几分钟）

当听到“Kundalini Arohanum”，观想金色液体充满海底轮区域。

第二脉轮——当开始唱颂脉轮的咒语“Om Swadhisthana ……”把专注力放在**生殖轮**（肚脐以下）的区域，橙色六瓣莲花，手印不变。

发音：**Vang**（重复唱诵几分钟）

当听到“Kundalini Arohanum”，观想金色液体充满生殖轮区域。

第三脉轮——当开始唱颂脉轮的咒语“Om Manipura ……”把专注力放在**脐轮**（肚脐）的区域，鲜黄色十瓣莲花，手印不变。

发音：**Rang**（重复唱诵几分钟）

当听到“Kundalini Arohanum”，观想金色液体充满脐轮区域。

第四脉轮——当开始唱颂脉轮的咒语“Om Anahata ……”把专注力放在**心轮**（胸膛）的区域，绿色十二瓣莲花。变换手印：食指尖端接触大拇指自尖端往下第一关节。

发音：**Yang**（重复唱诵几分钟）

当听到“Kundalini Arohanum”，观想金色液体充满心轮区域。

第五脉轮——当开始唱颂脉轮的咒语“Om Vishuddhi ……”把专注力放在**喉轮**（喉咙）的区域，深蓝色十六瓣莲花，手印不变。

发音：**Hang**（重复唱诵几分钟）

当听到“Kundalini Arohanum”，观想金色液体充满喉轮区域。

第六脉轮——当开始唱颂脉轮的咒语“Om Ajnya ……”把专注力放在**眉**

心轮（两眉之间）的区域，靛蓝色两瓣莲花。变换手印：食指尖端接触大拇指自尖端往下第二关节（大拇指根）。

发音：**Aum**，A－A－A－O－O－M。（重复唱诵几分钟）

当听到“Kundalini Arohanum”，观想金色液体充满眉心轮区域。

第七脉轮——当开始唱颂脉轮的咒语“Om Sahasrara ……”把专注力放在**顶轮**（头顶）的区域，紫色千瓣莲花旋转开放，手印不变。

发音：**Ogum Sathyam Aum**（重复唱诵几分钟）

当听到“Kundalini Arohanum”，观想金色液体充满顶轮区域。

最后，你可以继续安坐冥想，也可以平躺下来，双手放在侧身，手心向上，双脚打开与肩同宽，全然放轻松你的身体，闭上眼睛，轻松的呼吸……

- **第一脉轮：海底轮（MOOLADHARA）**

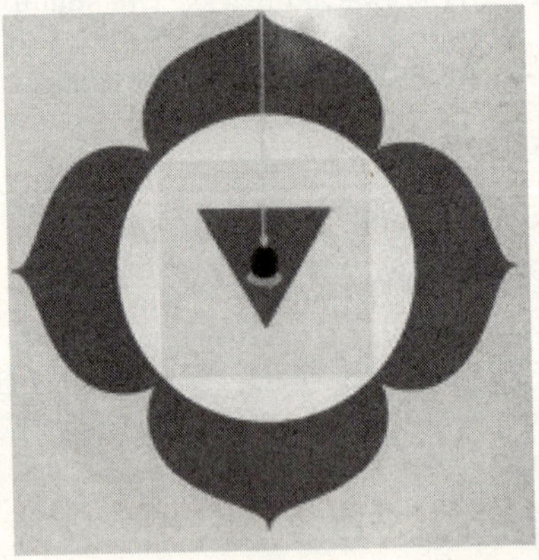

红色四瓣莲花，在中心具有昆达里尼金蛇环绕着黑色柱子（Linga）三个半圈	
位置：	会阴处
元素：	地
特性：	唤醒昆达里尼之处，生命的能量。加强稳定性
咒语：	LANG

• 第二脉轮：生殖轮（SWADHISHTANA）

橙色六瓣莲花，里面具有灰色新月状的月亮	
位置：	尾椎骨（生殖系统）
元素：	水
特性：	加强自我控制和敏感度
咒语：	VANG

• 第三脉轮：脐轮（MANIPUTRA）

鲜黄色十瓣莲花，在中心具有正在燃烧的篝火	
位置：	肚脐（排泄、消化系统）
元素：	火
特性：	唤醒感情的强烈和激情程度，健康的嗓音和体力要素
咒语：	RANG

- **第四脉轮：心轮（ANAHATHA）**

绿色十二瓣莲花，在中心具有正燃烧发亮的神圣之光	
位置：	心脏中央（血脉循环系统）
元素：	风
特性：	知觉中心，爱与慈悲
咒语：	YANG

- **第五脉轮：喉轮（VISHUDDHI）**

深蓝色十六瓣莲花，具有蓝色新月状的月亮和神圣的光在里面	
位置：	位于喉核后的脊椎部位（大椎骨），相对于颈部神经结
元素：	宇宙
特性：	唤起臣服，神性，开通更高层次的次元
咒语：	HANG

- **第六脉轮：眉心轮（AJNYA）**

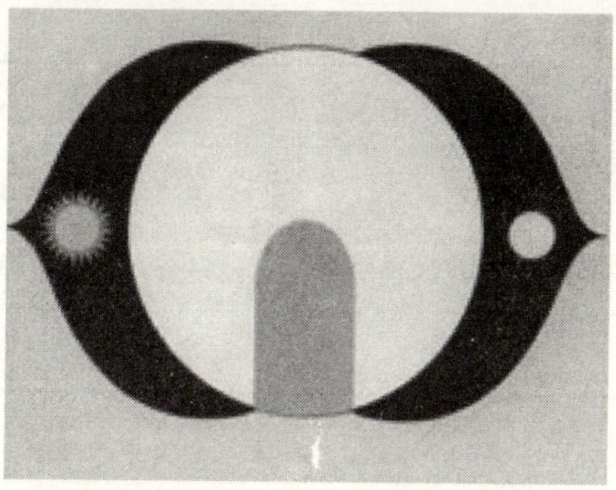

靛蓝色两瓣莲花，左右花瓣分别具有月亮和太阳，中间具有蓝色的柱子（Linga）	
位置：	两眉之间（下半部头脑）
特性：	这是太阳和月亮的能量同步进行的中心，开发智慧和意识的要素。经常做这个脉轮的静心会增强记忆力和专注力
咒语：	AUM

- **第七脉轮：顶轮（SAHSRARA）**

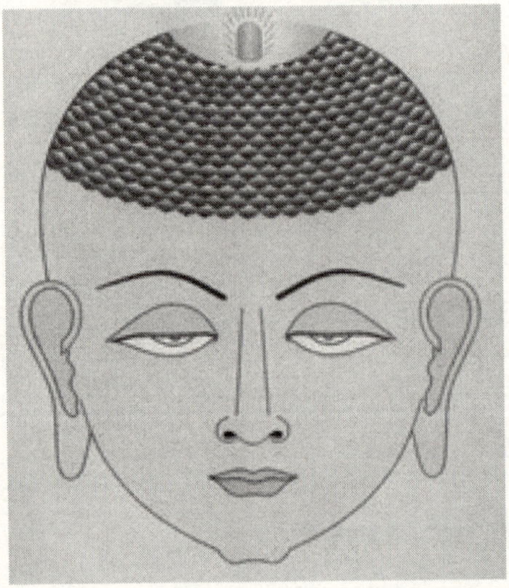

紫色千瓣莲花，在中心具有发亮金色神圣光的柱子（Jyothirlinga）	
位置：	头顶（上半部头脑）
特性：	开花的顶轮带领通往完全与宇宙意识合一的状态或者开悟
咒语：	OGUM SATHYAM AUM

• **人体生命能量七个脉轮**

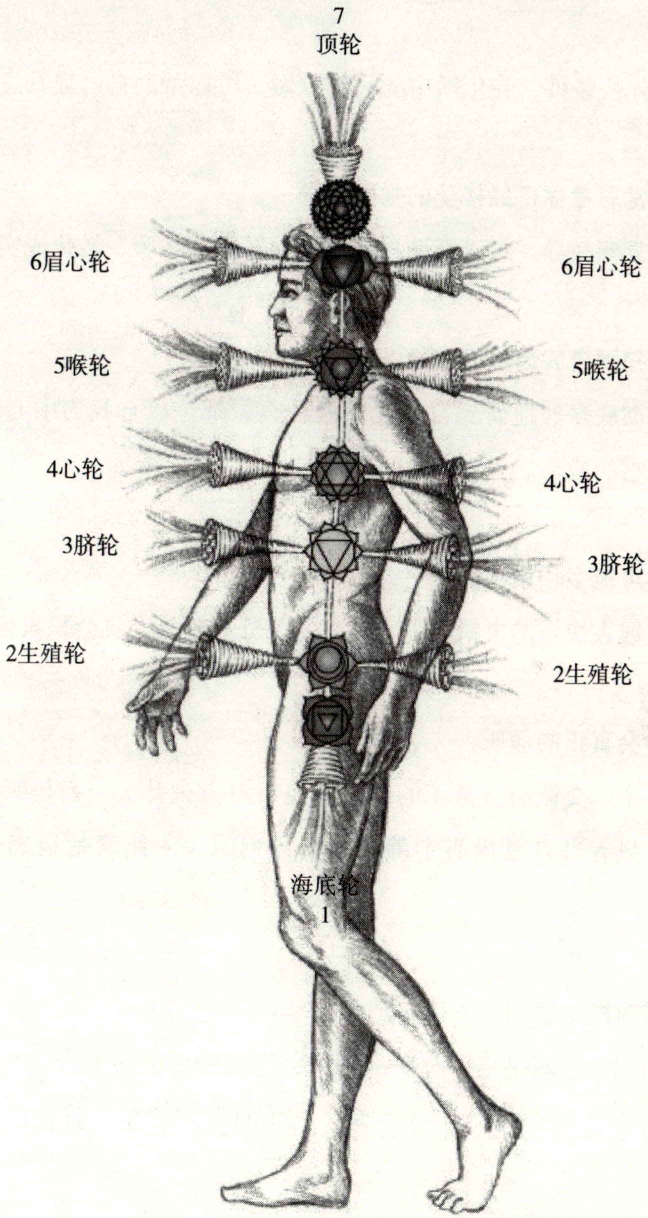

练习三：觉醒的五个先决条件

这五个先决条件，在生活中随时可以做，可以帮助自己提升意识层次。

• 要经常思考你已经接受的觉醒教导

常思考觉醒教导，可以帮助自己把教导转化成体验，转化成实相。

• 要觉知到自我为中心

当自己彻底强烈地看到自己无论做什么，都是以自我为中心时，你才可能获得脱离它的激情。

• 要尽可能多积累善业

让大多数人快乐的事情就是善业，要充分利用每个机会积累善业。

• 要学会真正的倾听

当和一个人交谈时，真正的倾听不是听对方说什么，而是听自己内在发生了什么。只有当自己内心宁静、停止评判时，才能清楚地感受到对方的需求。

• 要随时随地看到合一性

要意识到自己不是一个分离的个体，而是整体的一部分，当我们越向发生的一切敞开，允许周围一切按照它想要的方式发生，就在任何地方看到合一。

练习四：觉醒的21条绳索

从头脑中解脱才能觉醒，有21条绳索拴住了头脑，当把每条绳索都斩断，小我的大厦才彻底倒塌，才能彻底从头脑中解脱。或者说，当觉醒时，会完全具备这21个品质。所以需要我们一条一条检视自己的内在是如何缺乏这些品质，当能深刻经验自己缺乏的程度，达到无助的状态时，祈请内在之主的帮助，再去接Deeksha，内在之主会帮助我们获得这些品质，觉醒的进程就继续。所以重点在每次接Deeksha之前先要反思自己缺乏哪些品质，缺乏的程度如何，深入体验无助感，再祈请内在之主的帮助，接Deeksha的效果才更好。

- **觉知到自己如何缺乏觉醒的激情**

痛苦常数 = 身体痛苦 + 心理痛苦 + 灵性痛苦，事实上只有灵性的痛苦，灵性的痛苦会转化成身体和心理的痛苦，痛苦的根源是“分离感”。看清楚痛苦的本质，才能产生觉醒的强烈渴望。

- **觉知到我们如何缺乏宽恕别人**

不能宽恕别人，背负着对别人的恨，自己受苦。

- **觉知到自己如何缺乏寻求别人的宽恕**

不能原谅自己犯下的错，自己受苦。

- **觉知到自己多么不敏感**

对别人的感受、需求，要有足够的觉察力。

• 觉知到每个关系中自己是如何处于死亡状态

生命就是关系，我们和父母、配偶、孩子、周遭人及万事万物，关系如何？当我们在关系中受伤、不去面对处理时，关系变成死亡状态，让我们自己成为一个孤岛。

• 觉知到自己如何缺乏内在的诚信

觉醒从自己现在所处的位置开始，当内在撒一个谎，外在会撒一百个谎掩盖，结果在和真实的自己之间筑了一堵墙。对自己诚实非常重要！

• 觉知到自己多么渴求重要性

灵性成长最大的障碍就是“对重要性的渴求”，我们所做的一切都是为了“重要性”，希望得到别人的认可。当我们渴求重要性时，我们不会成长。

• 觉知到自己内在的恐惧，面对恐惧

人们恐惧的不是死亡，而是未知，恐惧失去已知。头脑总是想逃避恐惧，留在恐惧中，和恐惧待在一起，亲身经验恐惧，就能穿越恐惧。

• 觉知到自己如何缺乏对自己的接纳

所有对外在的不接纳都源于内在不接纳自己。“愤怒”的品质本身没有错，问题是我们总在和这些品质对抗，想改变愤怒，想把“恨”改变成“爱”。

• 觉知到回顾一生多少时候总认为自己绝对正确

用更大的视角回顾自己的一生，多少时候认为自己绝对正确，结果造成别人的痛苦，我们是否体会到别人的感受？要带着内在的诚信，看清楚自己不想看到的一面。认为自己绝对正确，不可能有任何灵性成长。

• 觉知到自己如何缺乏谦卑

地球是宇宙的一粒尘埃，而我们是地球的一粒尘埃，我们是这个宇宙尘埃的尘埃，却觉得自己无所不知，非常骄傲。未进化的意识说“我知道”，而进化的意识会说“我不知道”。只有谦卑时，才能接受到东西。

• 觉知到自己如何缺乏神圣感

人们总是喜欢问为什么，总是试图解释这个宇宙的奥秘，但是部分无法了解整体，眼睛看不到自己，生命本身就是个奥秘，奥秘只能被经验，无法解释。当感受到自己和不可知是一体的，就会有神圣感。

• 觉知到自己如何缺乏发现生命中神的手

是内在之主在做所有的一切，我们却认为是自己做的，不认可内在之主。要在生活中觉知到内在之主一直在担当重要的角色，一切都是自动发生的，我们无法掌控任何事情。

• 觉知到自己与内在之主的连接有多强

和内在之主的连接越强，意识提升的速度就越快。我们和自己的内在之主建立亲密关系，本身就是觉醒。

• 觉知自己如何缺乏对神的信心

整个旅程就是从不相信内在之主，到开始有点相信内在之主，到对内在之主有信心，当信任内在之主时就能深入去发现神，当能深入发现神时，蜕变会自动发生。

• 觉知自己如何缺乏臣服

无助的人会从内在之主那里得到帮助，意识到自己什么也做不了，就是臣服。

• 觉知自己如何缺乏感恩的心

要持续不断的成长，最重要的就是感恩，我们通常觉得自己得到的都是理所当然的，要看到每件事的发生背后都有人在付出。在生活的方方面面感恩。

• 觉知自己如何缺乏服务

对一个人最大的帮助就是帮助他觉醒。我们选择在哪个领域帮助别人，也帮助你自己在这个领域提升。要利用每个机会服务他人，积累善业。

• 觉知自己如何缺乏慈悲

为自己的事情专注不分心，叫激情；如果把激情用在为他人的利益服务，叫慈悲。

• 觉知自己如何缺乏对神的赞美

只有一个内在之主，但是内在之主有不同的面向，不同的化身，要赞美内在之主的每个品质。当你跑向内在之主时，内在之主也会跑向你。赞美内在之主，一切都会自动发生。

• 觉知自己如何缺乏正式对神的感谢

我们内在无法回报内在之主的恩典，除了内在感恩内在之主之外，外在物质层面也要主动向内在之主表达感恩，才能让事情顺利地推动发生。

为何要感恩？因为要感恩我们出生在这个伟大的时代，感恩我们可以很容易接受到神圣的恩典，受到神圣的保护，可以听到伟大的真理。感恩内在之主帮助我们解决健康、金钱、关系等方面的问题，感恩我们能够为人类的觉醒服务，和 Amma Bhagavan 一起为全人类的觉醒一起努力，见证人类步入黄金纪元的伟大时刻！Amma Bhagavan 感恩我们每个人帮助他们一起为人类觉醒共同努力，为此也感恩 Amma Bhagavan 对我们的感恩。

练习五：拜日式 YOGA

在瑜伽的修行中，如果你想清除一切以自我为中心的欲望，与内在之主完美连接，首先要做的就是净化身体，之后是纯洁心地与心灵。这样，我们体内的神秘精神力量才能被唤醒。下面，我们学习一套专为净化你我身体进行的“拜日式”。

人体的脊椎共 24 节，颈椎 7 节，胸椎 12 节，腰椎 5 节，所有神经脉都起源于脊椎，锻炼这根脊椎骨，使 24 节脊椎灵活畅通。当肠部、腹部的疾病在短期内消除，我们的心智与思维也都得到了改善。拥有弹性十足的脊柱就意味着青春永驻，无论是在工作还是生活中，我们都会激情万丈。脊椎硬化和骨质疏松意味着我们正在逐渐变老，而这种瑜伽练习，则像是强心剂与净化器。它能稳定自主神经、减轻压力、消除精神紧张，达到心理安定、情绪平衡的功效。经常做这套“拜日式”的人，身体会异常灵活，精力也会非常旺盛。当他们的背部肌肉相应地收缩、放松、拉伸、伸展时，他们的头脑也在这运动中变得澄澈敏捷起来。

• 拜日式的体位

拜日式虽然简单，才有十二个体位，可是每个体位都蕴含着修行者的一项品质。透过拜日式我们要与太阳神建立连接，只有与太阳神的意识连接上了，才能与内在的神性意识连接。太阳神能帮我们唤醒内在小宇宙的十二项品质，这十二项品质能引领我们走向自己内在的神性意识，最终与祂合一。

第一式祈祷式：这是很庄严神圣的开始，代表我们一天美好的起程。祈祷式的咒语“OM MITRAYA NAMAHA”表示的就是“我最亲密的朋友，我向你致敬（祈祷祝福）”。通过体位、唱诵、呼吸与最亲密的太阳神朋友建立连接。

第二式展臂式：就是在展臂的体位中告诉太阳神是最值得被赞美的。其咒语为“OM RAVAYE NAMAHA”。

第三式前屈式：就是在表明太阳神是我的指导师、明师，是祂指引着我从过去走到现在，也将指引我从现在走向未来，每时每刻都受太阳神的指引。其咒语为“OM SURYAYA NAMAHA”。

第四式骑马式：就是在向太阳神宣告，祂就是我内外在的美，我世界中的一切美都是太阳神的创造，太阳神就是一切美的赐予者。其咒语为“OM BHANAVE NAMAHA”。

第五式山式：是所有体位中最有挑战的，这个体位最能刺激到感官系统。所以太阳神是我感官的刺激者，为的是通过刺激让我变得更敏锐，敏锐会给我带来觉知觉察的品质。其咒语为“OM KHAGHAYA NAMAHA”。

第六式八体投地式：是在表达太阳神是我生命的滋养者。其咒语为“OM PUSHNE NAMAHA”。

第七式眼镜蛇式：太阳神是我的创造者，一切的创造者。其咒语为“OM HIRANYA GARBAYA NAMAHA”。

第八式山式：太阳神是我的守护者，是一切内外在疾病的摧毁者。其咒语为“OM MARICHAYE NAMAHA”。

第九式骑马式：太阳神是我的启发者。其咒语为“OM ADITYAYA NAMAHA”。

第十式前屈式：太阳神是我的净化者。其咒语为“OM SAVITRE NAMAHA”。

第十一式展臂式：太阳神是我的光耀者。其咒语为“OM ARKAYA NAMAHA”。

第十二式祈祷式：太阳神是我的觉醒开悟者。其咒语为“OM BHASKARAYA NAMAHA”。

当你静静地、用心地去体味每一个体位，你会发现每一个体位都会让生命的艺术之花在你体内绽放。你会体悟到你体内有一个空间在慢慢被拓展、被延伸。你会觉察到细胞与细胞之间有间隙的空间，思维与思维之间有间隙的空间，最终你会发现密度看起来如此之大的身体内竟然存在这么多间隙的空间。这就是神圣的空间、这就是神的居所、这就是神性意识的渗透、这就是我们本然存在的小宇宙。它与宏观的宇宙本无二至，身体细胞之间的间隙就是大宇宙中星球与星球之间的距离，宇宙之神的神圣意识就充满在这些空间之中。祂大到没有外面，小到没有里面。

这就是拜日式引领你从小宇宙回归大宇宙的神圣旅程。

• 拜日式练习方法

这组练习基于12个体式，向前、向后伸展脊柱。通常练习时，每个动作跟随自然的呼吸（除了第6个动作呼气后屏气外）。完整的拜日式练习包括12个动作，双脚交换，左右各练习一遍。

传统上推荐大家在日出时练习拜日式，因为这是一天中精神最旺盛的时刻。但是，在喧嚣繁忙的现代社会，大部分人们无法遵循这一传统，因此只要空腹，你可以选择任何时间练习拜日式。

练习步骤：

（1）面向太阳的方向，双脚并拢站立，双手胸前合十。

（2）吸气，手臂上举，身体舒缓地向后弯曲，伸展手臂。

（3）呼气，身体缓慢前屈，双手触地，指尖脚尖平行，额头触膝盖。

（4）吸气，右腿向后迈一大步，保持双手在左脚两侧紧触地面，双脚着地，抬头向上。

（5）呼气，左脚向后与右脚并拢。保持手臂伸直，身体成一条直线，注视前方。

（6）呼气，身体下沉，膝盖、胸部和前额触地。

（7）吸气，缓慢抬头，手臂伸直，身体向上，背部最大限度后弯。

（8）呼气，并拢双脚，保持手臂伸直，臀部向上，头部平行于双臂之间，身体形成向上的弓形。

（9）吸气，右腿前迈一大步，保持双手在左脚两侧紧触地面，双脚着地，抬头向上。

（10）呼气，身体缓慢前屈，双手触地，指尖脚尖平行，额头触膝盖。

（11）吸气，双臂上举，身体向上，缓慢后弯。

（12）呼气，身体立直，双臂收回，合掌胸前，面向太阳。

接着，同样的步骤，练习另一侧（左脚后迈）。

• 拜日式的引导词

带着由衷的微笑，满怀着对母亲般的感激之情，感谢太阳赐给万物勃勃生机，赐给我们以生命的能量。让我们沉醉于向太阳最虔诚的致敬之中。

站立好，脚趾舒展，脚弓扎根大地，克服地心引力感受身体如阳光中的树苗一样挺拔向上，舒展膝关节，感受脊椎无限地向上延伸舒展。

双手合十胸前，身体被柔和的橘黄色光芒笼罩着，阳光温暖着抚慰着我们的身心。深长的吸气，收紧臀部，挺直腰部，伸展双臂，延伸脊椎。身体像树苗在阳光雨露中伸展，再伸展，小腹和腹股沟的肌肉慢慢拉开，髋关节向前推，身体向后方伸展，打开心胸，整个身体的前侧舒展开来。

缓慢地呼气，双臂带回上身向前下方俯下，站立前屈，深长地吸气感觉气息直达脊背和尾骨，脊柱在伸展、舒展，一节一节慢慢地延伸拉开，腿的后部肌肉拉伸，膝关节舒展，感觉脚后跟到臀部向上提，尾骨朝天，重心前移，压向大脚趾，缓慢地呼气，感觉身心所有的压力瓦解释放，放松头颈，放松身心。

深长的吸气，拉开双腿，立直上身，呼气髋胯下压下压……吸气双臂牵引脊柱不断地向上再向后伸展再伸展，把胸膛扩展开来，拥抱朝阳。

呼气身体回到斜板，气息均衡，吸气，让气息不断地拉伸从脚后跟到头顶，收缩臀部，让身体平直。

彻底呼气，八体投地。感觉身体向一条准备进攻目标的眼镜蛇一样处于蓄势状态，屏住呼吸。吸气起身，气灌全身，脊柱一节一节慢慢向后上方伸展，感觉身体的前侧从脚背到额头都在舒展，让整条脊椎都参与进来，开阔心胸。

缓慢呼气，将臀部高高推起，手臂脚跟触地有力，尾骨朝天。脚后跟坚定有力下压，小腿后侧、大腿后侧、臀部后侧坚定地向后。十指岔开让双臂扎根大地，感觉双臂像树根一样强壮。感受大地的能量源源不断地从手臂输送到全身。深长吸气，用尽全身的气息和力量延伸脊柱，扩展盆骨腔，舒展身躯，拉伸手臂，缓慢呼气放松身心，尽可能将肚脐贴向脊背，放松双肩，轻轻下压。保持几次深长的呼吸，在吸气时让身体伸展再伸展，呼气的时候让身体放松再放松，在呼吸的引导下让身体保持一张一弛。享受每一次的呼吸。享受身体每一次的伸展与放松，完全地沉醉，完全地活在当下。

双手合十胸前回到站立式，保持深长的呼吸，倾听犹如海浪拍打绵长海岸的呼吸声。感觉脊椎有股温暖的感觉向全身蔓延开来，浑身的血液在身体内欢快地流动，气息和能量均衡游移，心胸渐渐开启，太阳的无上能量流遍全身，全身充溢着力量、健康和美丽。

瑜伽练习忠告：

练习瑜伽是一个持久的过程，只有拥有恒心和毅力才能坚持下来。一时兴起的激情不会带给你任何益处。

瑜伽易空腹状态练习，餐后 2～3 小时，饮用流体后至少 30 分钟后再行训练为佳。练习后至少休息 15 分钟再进行沐浴，瑜伽练习场应选择安静幽雅、空气流通的地方，且有充足的空间以伸展手足肢体。

修行瑜伽是一个循序渐进的过程，起初，任何人都不可能像老师那样动作完美，只有通过勤奋的练习才能取得成功。不要觉得这过程枯燥且漫长，要知道，只有拥有耐心并持之以恒，才能真正唤醒潜藏于我们身体内部的秘密力量。

学习瑜伽还能帮助我们调整不良的生活习性。当我们开始重视饮食，我们的双眼就变得炯炯有神，面部的肌肤变得跟身上一样细致嫩滑，甚至连心灵也变得安宁沉静。美丽、力量、智慧以及精神上的胜利，将属于每一个瑜伽修行者。

练习六：呼吸法

如果把人们一天24小时所进行的呼吸活动按照12个周期进行划分，这12个周期分别对应着12个星座。在每个时间段内，左右两个鼻孔交替着工作。这样的每个时段都是由正负两种气流组成的。白天和夜晚对这12个时段进行了平均分配，在白天的一半时间里，呼吸在太阳力量的统治下，属于夜晚的一半则受到月亮的作用影响。太阳掌管着通过右鼻孔产生的正气流，月亮则是通过左鼻孔的负气流的指导者。我们可以把每个月里的呼吸简单地划分为太阳和月亮的气息。积极时期是从满月开始，以新月结束的半个月；相对地，另外相反的半个月就是消极时期。

完成一次呼吸的过程需要呼气和吸气两个动作。每个健康的正常人，每分钟大约呼吸15次，每天大约呼吸21600次。一个身体强壮的人在每分钟里进行的是匀速呼吸且次数相对较少。一个身体较弱的人在每分钟里进行的是急促的呼吸，且次数相对较多。呼气时，气流从鼻孔里送出一段距离，健康人这段距离相对较短，越是病弱的人的这段距离相对越长。这段距离的长短还可以因身体的活动而改变。比如一个正常人在从事休息、睡觉、散步、唱歌和思考等一系列活动时，都会产生各自不同的距离。如果一个人在休息时呼气的距离达到8英寸，就标志着他的身体在走下坡路。

瑜伽修行者之所以能够减少每天呼吸的次数且缩短呼吸距离，就是因为他们掌握着控制呼吸节奏的能力。在调节呼吸的过程中，他们通过极其缓慢的呼气、吸气，可以延长每次深呼吸的时间。通过一段时间这样的练习，他们就可以完美地控制自己的呼吸机制，并使呼吸距离保持在1~2英寸。瑜伽修行者们要想达到天人合一的境界，进行这种坚持不懈的呼吸练习是必不可少的，这种练习还可以使他们的身心得到净化。一名有修为的瑜伽修行者可以把呼吸控制得非常缓慢以至于几乎感觉不到。于是，他们具有了在别人眼里非常神奇的——在完全密闭的空间仍然可以生存的能力。

我们可以以五个时段来划分每个鼻孔在一小时内的呼吸运动，这五个阶段分别被旋转于宇宙中的五大元素掌控。这五大元素就是天空、空气、火、水和土。这五种元素构成了整个宇宙，作为宇宙精神的领会者人体也同样如此。因此，这五种元素的相互作用也会在人体上体现出微妙的影响。

在鼻孔处于呼吸状态的 1 个小时里，空气的元素对人体的统治占了 8 分钟，归属于火元素的则有 12 分钟，然后是水元素的 16 分钟，土元素的 20 分钟，天空元素只有最短的 4 分钟。

同时，呼吸也被这些在特定的时间掌管人体的元素控制着。把每半个月的时间分为五段，每一段时间就是 3 天。对应着人们自然的呼吸，这五个持续 3 天的时段分别被五大行星掌管：水星、金星、火星、木星、土星。在宇宙秩序中，7 和 13 这几个数字是极其值得注意的。使我们通晓宇宙万物的法则、秩序、重量、节奏和比例的，是无穷无尽、无所不知的精神。

这个练习将要讲述的是呼吸的奥秘，呼吸的四种方法以及它们各自具有的价值优点。通过这一课的学习，我们将获取能量、平衡以及更高的自我本质。我们还会知晓净化思想的方法，并掌握不受干扰的全神贯注的能力以及进一步的变换呼吸的技巧。

普拉那是宇宙中最原始的力量，普拉那雅玛是控制这种力量的方法。修行瑜伽的目的，就是通过锻炼呼吸方式来实现这种控制。作为生命存在的前提，正确的呼吸方法被一部分人自然而然的掌握着。这种掌握是天生的，只能被掌握者自己使用。然而有一部分人也发现了这其中的奥秘，于是通过后天的学习，他们也掌握了这种方法。

呼吸对人体的作用，就像是一台机器中齿轮的运转，它驱动着整台精密机械的运转。呼吸规范并调整着人体的规律，并给整个人体的运转提供动力，我们经常把它比做是人体的齿轮。当我们呼吸时，从来都是使用左右两个鼻孔中的一个。根据瑜伽的方法，我们应该采用下面的呼吸方式：吸气，并持续12秒；持气，让气息停留4秒；呼气，用8秒的时间缓慢的完成。通过对瑜伽的修行，在不用太长的时间后，你就会对自己之前的人生产生怀疑，并对达到一个从前未曾想象过的境界感到惊喜。

呼吸通常被分为四类：高位呼吸、中度呼吸、低度呼吸和瑜伽呼吸。高位呼吸指的是锁骨呼吸方式。所谓锁骨呼吸方式，就是在整个过程中，我们只使用比较高位置的胸腔和肺部来进行呼吸，这样被吸入肺部的空气就只有一小部分。这种情况导致了横膈膜（分开胸腔和腹腔的器官）位置的提高，由此它底部肺部的比例就被压缩，从而抑制了肺部的扩张。在这个过程中，呼吸的效果很明显事倍功半。

我们平常采用的呼吸方式被称为中度呼吸，也就是人们常说的肋间呼吸。这种方法的效率明显高于高位呼吸，但是略低于低度呼吸。低度呼吸也被称为横膈膜呼吸，它的效率远远高于前两种呼吸方式。近年来，呼吸方式能对人体产生怎样的影响这一问题得到越来越多的关注。西方研究者们也开始意识到呼吸方式的重要性，他们开始宣扬正确的呼吸方式为人们带来的益处。横膈膜在低度呼吸中起着非常重要的作用。腹腔顶部的凹面就是静止时的横膈膜，它能够让胸腔成为一个锥形。当我们进行呼吸时，横膈膜给腹部施加压力，让更多的空气填满肺部，之前的锥形外表也随之消失。

瑜伽呼吸作为一种充满优越性的呼吸方式，集中了上面三种方法的优点。它的进程如下：首先，空气填满了顶部的肺器官；然后，通过肋部的扩张，吸入更多的空气填充中部的肺器官。这样，瑜伽呼吸法就可以让整个肺部吸收尽可能多的空气，并从中吸取最大量的普拉那。如果你已经学会了扩张自己的肺容量，那么你就可以进行有节奏的呼吸了。吸入空气、让气息停留、再次让气息停留、呼出空气是这个节奏的四个步骤。当你完全掌握了这项方法后，相当大数量的普拉那就会充盈在你身体里，而扩张呼吸和控制呼吸节奏只不过是易如反掌的事情。

这不只是一种意志力的训练，通过日积月累的锻炼，它还会让灵魂得到锻炼，从而作出对超意识的回应，而普拉那就会充盈在你的身体里，而普拉那雅玛和瑜伽修行的目的也在于此。这种训练还可以使你的身体自动和思想协调一致。而且，在这样的呼吸过程中，你既可以全神贯注地处理你自己的事情，又可以达到净化思想的目的。

下面提示的是一些可以调节呼吸的方法：

（1）从一块洗得干净且柔软的旧手帕上面裁下一小块（也可使用消过毒的棉花），将其揉成团状塞入一侧鼻孔。这样呼吸就可以在另一侧鼻孔轻松进行。

（2）比一切东西更方便的是你的手指，用手指取代手帕按住正在呼吸的鼻孔，这样呼吸就会自然而然地在另一侧鼻孔中进行。

（3）吸气，并马上按住刚刚用来吸气的鼻孔，让气流从另一侧鼻孔呼出。多次重做这个动作，然后交换鼻孔进行相同次数的练习。

（4）也可以采用交换体位的方法强制鼻孔换气。比如在床上躺着时，可以采用侧卧的姿势，让正在呼吸的一侧鼻孔处在下方，这样不呼吸的那一侧鼻孔自然就在上部。身体的重量会强迫呼吸方式同时发生改变。

更多的呼吸方法由于难度较大，必须由老师当面指点才能练习，所以这里只是让大家了解呼吸的奥秘以及最基本的呼吸方法。

后记

六和境人间梦

站在林肯纪念堂前方的广场上，仿佛聆听到了马丁·路德·金为解放黑奴而发表的那场历史性的演讲《我有一个梦想》。每一个字都撞击着我的灵魂，为此我写下了这篇六和境人间梦——“人心和善、家庭和睦、人间和美、人际和顺、社会和谐、世界和平”，以此献给为了人类从苦难中觉醒，一直在默默付出的“和平战士”们！

我有一个梦想，梦想有一天：世界是和平村庄，万物都在互相关怀中生长；天使在人间行走，梦是她们的翅膀；邂逅爱的光芒，就能够飞翔！

我有一个梦想，梦想有一天：社会是和谐天堂，人们都在互相关爱中成长；老有所依少有所养，忠孝仁义在每一个地方回荡；用爱做冬天的衣裳，用理解做飞翔的翅膀！

我有一个梦想，梦想有一天：人间是和美天堂，无论贫瘠富有冷暖气候；最近的距离是紧握的手，心灵的河流流过荒漠变绿洲；也把辛酸困苦全部带走，留下和美人人驻心头！

我有一个梦想，梦想有一天：家庭是和睦天堂，幸福像花一般绽放；父母在孝顺的海洋中游畅，子女在慈爱的波涛中游荡；爱人在幸福的浪尖滑翔，你我在宁静的港湾荡漾！

我有一个梦想，梦想有一天：人心是和善天堂，菩提本无树，明镜亦非台，真理之音从古至今在传唱；本来无一物，何处惹尘埃，怎一个贪嗔痴将你我本性所沾染；你我本一体，你我心同源，爱与慈悲是心的天堂！

我梦想有一天，和平之神降临世界，每一个民族都能和平相处；每一个宗教为了和平都能携手同行，我坚信黑暗只能被光明所照亮，怨恨只能被爱所融化。

我梦想有一天，我们可以用爱与光明让世界：不再有暴力！不再有战争！不再有恐怖主义！每个宗教、每个民族、每个组织因着爱的名义给大地带来正义、和平、宽恕、生命、爱！

我梦想有一天，和谐之声降福世界，每一个民族、每一个国家、每一个社会都能和谐共荣；相互促进、相互推动、相互学习、相互欣赏！

我梦想有一天，觉醒之音降临世界，每一个灵魂都为自己欢呼、为自己呐喊，因为那一刻每一个灵魂都知道自己来自哪里？在哪里？要去向哪里？在天地之间还有什么事比这还值得庆祝的呢？

我梦想有一天，爱与慈悲的甘露洗涤每一个灵魂，让我们只以爱的名义说话、给予、跳舞；让我们只以爱的频率共振、让我们的光照亮黑夜、让黎明的孩子睁开双眼、让孤独的浪子看到曙光！

我们就是爱的源头、我们就是光的天使、爱是我们唯一的宗教、爱是今日世界的真理。让我们以爱的名义聚首、举杯；亲人、朋友、同行、陌路；不问是谁，不问出处！

爱——就是我们共同的归宿！

合一就是爱的源头！

作　者

2011 年 10 月